Hunde-Cookies

Backen für Hunde

W0084523

AUTOR: JEFF SIMPSON | FOTOGRAF: MICHAEL BRAUNER

Inhalt

7 Spaß am Backen

Inhalt

Spaß am Backen

Womit sonst können Sie Ihren Hund auf so einfache Art verwöhnen und ihm gleichzeitig so viel Gutes tun wie mit selbst gebackenen Keksen aus gesunden Zutaten – ohne künstliche Aromen, Farbstoffe oder anderen schädlichen Inhaltsstoffen. Dabei ist Backen für Hunde kinderleicht, auch wenn Sie noch nie einen Teig gemischt oder ein Nudelholz in der Hand gehalten haben. Vor allem aber macht es unglaublich viel Spaß. Spätestens wenn Sie die duftenden Kekse aus dem Ofen holen, freut sich dann auch ihr Vierbeiner.

Von Jeff zu Jeffo

Rückblickend scheint es mir wie ein Wink des Schicksals, dass ich Hundekeksbäcker wurde und nun dieses Backbuch geschrieben habe. Da war zum Beispiel mein erster Hund: Er hieß Cookie, was auf Deutsch nichts anderes als Keks bedeutet. Und genau deshalb trug die Hündin ja auch diesen Namen: Sie fraß nichts auf der Welt lieber als Kekse. Dann sind da noch meine Eltern – beide fabelhafte Köche, die mir die Liebe zur guten Küche quasi in die Wiege gelegt und mir natürlich im Laufe meines Lebens viel beigebracht haben. Zu guter Letzt lag meine erste Wohnung in München auch noch in einer kleinen Seitenstraße mit dem entzückenden Namen Küchelbäckerstraße (nur einen Katzen-, pardon Hundesprung entfernt vom wahren »Bauch« Münchens: dem berühmten Viktualienmarkt).

Wie alles begann

Trotz all dieser großartigen Voraussetzungen waren es aber doch einfach Not und Verzweiflung, die mich auf die Idee brachten, selbst Hundekekse zu backen. Ich brauchte für eine Pflegehündin dringend ein paar Leckerbissen, aber leider hatten alle Geschäfte schon geschlossen. Also musste ich selbst ran. Zunächst mit mäßigem Erfolg: Die ersten Versuche waren aus der Sicht der vierbeinigen Feinschmeckerin so gar nicht das Richtige. Ich musste also immer wieder etwas anderes ausprobieren, bis ich schließlich die richtige Mischung fand.

Doch wie es so oft ist: Kaum hatte ich ein leckeres Rezept entwickelt, war ich unzufrieden damit, dass es nur eine Hundekekssorte gab. Ich wollte gern eine größere Auswahl haben – und ich ging davon aus, dass auch meine (Gast-)Hunde dieser Idee gegenüber nicht abgeneigt waren. So entwickelte ich eine regelrechte Leidenschaft, mir neue Rezepte auszudenken und sie zu testen.

Kurz darauf fing ich an, den Überschuss an

Noch ein Testesser gesucht? Sicher finden auch Ihre Hundekekse bald regen Zuspruch in der vierbeinigen Nachbarschaft.

Hundekeksen an Freunde und Bekannte zu verschenken. Es war mir egal, ob ich Geld dafür bekam oder nicht. Dazu machte mir das Ganze einfach viel zu viel Spaß. Wie viel mehr Freude hatte ich dabei, meine selbst gebackenen Cookies zu verfüttern als all die zuvor gekauften Belohnungshäppchen. Und ganz nebenbei gab ich den Besitzern der Vierbeiner auch noch das gute Gefühl, ihre Hunde auf gesunde Art zu verwöhnen – mit ebenso schönen wie wohlriechenden Keksen. Seit dieser Zeit lautet meine goldene Regel: Leckerlis müssen gesund sein, Spaß machen und die Beziehung zwischen Mensch und Hund verstärken.

Die eigene Backstube

Anfangs habe ich aus reiner Freude in der heimischen Küche Hundekekse gebacken – für den Eigenbedarf, für Freunde und Bekannte. Irgendwann war ich plötzlich der »Hundekeksbäcker« und verkaufte die ersten »Care-Pakete« mit verschiedenen Keksen. Als mich schließlich eine Freundin fragte, ob ich nicht Lust hätte, das Ganze professionell anzugehen, begann ich, mein Sortiment zu verfeinern und zu erweitern. Wir fanden tatsächlich eine Bäckerei – einen echten Familienbetrieb –, in der ich die Kekse produzieren konnte. Es war großartig, in einer echten Backstube zu arbeiten! Und so kam es, dass ich neben meinem Job als Computertechniker mal vor und mal nach der Arbeit sowie an den Wochenenden Hundekekse backte, die wir im Haus meiner Freundin verpackten und lagerten. Zwei Jahre später eröffneten wir mit Unterstützung aus dem Freundeskreis unsere eigene »Backstube«. Endlich konnten wir mit unserem eigenen Team Kekse produzieren, verpacken und versenden – und das alles von einem einzigen Standort aus. Seit diesem wunderbaren Moment entwickelte ich neue Rezepturen

Egal, ob Welpe oder Senior:
Selbst gebackene Leckerlis sind bei jedem Hund heiß begehrt und eine willkommene Abwechslung.

und Formen, um noch mehr exzellente Kekse für Hunde anbieten zu können. Ich weiß zwar nicht, was die Zukunft alles bringen wird, eins ist aber sicher: Ich bleibe meinen Prinzipien und unserem Handwerk treu und hoffe, dass ich weiterhin viele Hunde mit unseren gesunden Leckerlis fit und glücklich machen kann.

! Einfach lecker

Im Februar 2005, auf einer Haustiermesse in München, schlenderte ein Bekannter hinter einem Kunden her, der soeben eine Packung unserer »Turbo-Twister« erworben hatte. Der Mann probierte einen Keks: »Mmh, der schmeckt aber gut. Den könnte man glatt zu einem Glas Rotwein naschen.«

Das schmeckt Hunden

Damit alle Stoffwechselvorgänge reibungslos funktionieren, benötigt ein Hund täglich Futter. Nur so erhält er alle Nährstoffe, die er braucht, um gesund und leistungsfähig zu bleiben. Als Hundehalter kommt Ihnen die Aufgabe zu, Ihren Vierbeiner möglichst artgerecht zu ernähren.

Die Grundnahrung

Zwar zählen Hunde zur Ordnung der Fleischfresser (Carnivoren). Ihr Verdauungstrakt ist aber auch dazu in der Lage, Aas, Abfälle und pflanzliche Nahrung aufzunehmen und zu verwerten. Die meisten der heute erhältlichen Hundenahrungen enthalten daher alle wichtigen Nährstoffe (Fleisch, Getreide- und Gemüseerzeugnisse)

in optimaler Zusammensetzung und eignen sich somit sehr gut als Alleinfutter. Besteht kein erhöhter Bedarf (wie zum Beispiel während der Wachstumsphase, im Falle einer Krankheit oder bei trächtigen und säugenden Hündinnen), ist es nicht nötig zuzufüttern. Im Gegenteil: Eine Überversorgung mit Vitaminen und Mineralstoffen kann sich sogar negativ auf den Stoffwechsel auswirken und so der Gesundheit schaden.

Geben Sie der Vollnahrung auch keine zusätzlichen Dinge bei, wie Fleisch oder Flocken, weil sonst das Nährstoffgleichgewicht ins Wanken gerät. Reste vom Tisch sind ebenfalls nichts für Hunde. Unser eigenes Essen ist viel zu stark gewürzt und enthält oft Zutaten, die für den Menschen zwar gesund und schmackhaft sein mögen, dem Hund aber unter Umständen schaden können. Wenn Sie Ihren vierbeinigen Freund verwöhnen wollen, mischen Sie ihm ab und zu gekochte Kartoffeln oder Nudeln, Naturjoghurt, Quark oder ein gekochtes Ei ins Futter. Mehr Abwechslung braucht er nicht – außerdem hat er ja noch seine Cookies.

Bitte gut kauen

Damit sein Gebiss gesund bleibt, braucht Ihr Hund regelmäßig etwas zu kauen. Leider vertragen nicht alle Vierbeiner Knochen und bekommen davon Verstopfung oder Durchfall. Zudem können Knochensplitter schwere Verletzungen im Rachen und Ma-

Wer kann diesem Blick schon widerstehen? Zum Glück können Sie Ihren Hund mit selbst gebackenen Cookies auf gesunde Art verwöhnen.

gen-Darm-Trakt verursachen. Daher ist es besser, dem Hund getrocknete Kauartikel aus dem Zoofachhandel anzubieten, wie Schweineohren oder Ochsenziemer. Wenn es unbedingt ein echter Knochen sein soll, greifen Sie zu einem weicheren Kalbsknochen. Und natürlich eignen sich auch harte Hundekekse hervorragend zur Zahnpflege.

Damit Zähne und Zahnfleisch gesund bleiben, brauchen Hunde regelmäßig etwas richtig Hartes zum Kauen.

Leckerlis

Hundekekse dienen jedoch nicht nur der Zahnpflege, sondern sind vor allem auch zwischendurch als Belohnungshäppchen sehr beliebt – und zwar bei Hund und Herrchen.

Ich werde oft gefragt, ob man die Leckerlis von der normalen Futtermenge abziehen muss? Ich antworte immer, dass viele Fachleute dies tatsächlich empfehlen. Aber dann schiebe ich meistens noch hinterher, dass ich mich selbst jedoch gar nicht an diese Empfehlung halte. Wie auch? Meine Hündin Cara ist oft mit mir im Büro; natürlich kennt sie auch den kürzesten Weg in die Backstube. Und weil sie für alles und jeden einen Trick auf Lager hat, weiß sie ganz genau, wie sie an einen Keks kommt – und eben auch einmal an ein paar Kekse mehr. Damit sie trotzdem nicht zu dick wird, mache ich regelmäßig den »Rippen-Check«. Wenn ich die beiden hintersten Rippen noch spüren kann (sehen muss ich sie nicht, im Gegenteil: Dann wäre Cara fast ein bisschen zu dünn), ist alles in Ordnung. Wenn ich merke, dass Cara zugenommen hat, gebe ich Ihr einfach die nächste Zeit nur noch Cookies ohne Käse und Nüsse. Denn mit diesen »Fettlieferanten« spart man automatisch eine Menge Kalo-

rien ein. Wenn sich Ihr Vierbeiner mit den fettarmen Keksen partout nicht anfreunden will und auf seine Lieblingssorte besteht, backen Sie einfach kleinere Cookies oder brechen einen größeren Keks in mehrere Teile. Dieser ebenso simple wie wirksame Trick hilft natürlich nur, wenn Sie nicht gleichzeitig die doppelte Menge verfüttern.

! Wie viel braucht Ihr Hund?

Die Auswahl an Hundefutter ist heute besser denn je. Trotzdem sollten Sie immer das Etikett gründlich lesen, wenn Sie ein neues Produkt kaufen. Halten Sie sich an die Empfehlungen des Futtermittelherstellers. Passen Sie die Futtermenge jedoch e r ach Aktivität Ihres Hundes individuell an.

Welpen können mit ihren Milchzähnchen noch nicht richtig kauen. Sie lieben daher weiche Cookies.

Jetzt gebe ich Ihnen aber trotz allem doch noch eine Empfehlung zur Füttermenge. Denn natürlich spielt es genauso wie beim Basisfutter auch bei der Leckerlimenge eine Rolle, wie alt Ihr Hund ist, wie viel er wiegt und wie viel er sich bewegt. Für einen gesunden, erwachsenen Hund gelten zum Beispiel folgende allgemeine Richtlinien:

> kleine Hunde 20 Gramm Kekse
> mittelgroße Hunde 50 Gramm,
> große Hunde 75 Gramm.

Harte oder weiche Kekse?

Ich backe meine Hundekekse in der Regel so lange, bis die Feuchtigkeit nahezu vollständig entwichen ist. Dadurch sind die Cookies nicht nur länger haltbar, sondern auch schön hart und trocken (Sie wissen ja: das ist sehr gut für die Zähne). Es gibt aber durchaus Hunde, die keine harten Leckerlis mögen.

Das kann altersbedingt sein, wie bei Welpen und Senioren, die noch nicht oder nicht mehr so gut zubeißen können. Vielleicht hat Ihr Vierbeiner aber auch aufgrund der Form seines Kiefers oder seines Mauls einfach Schwierigkeiten, die harten Kekse zu kauen. Es kommt sogar immer wieder mal vor, dass einem Hund prinzipiell weiche Leckerlis besser schmecken.

In all diesen Fällen spricht rein gar nichts dagegen, weichere Hundekekse zu backen. Schalten Sie dazu einfach die Temperatur zehn Grad niedriger als im Rezept vorgeschrieben und holen Sie die Kekse außerdem etwas früher aus dem Rohr. Sie sollten zwar schon leicht gebräunt, aber noch weich sein und leicht nachgeben, wenn Sie mit dem Finger daraufdrücken.

Nachdem die Cookies auf einem Kuchengitter wie gewohnt vollständig abgekühlt sind, füllen Sie sie in einen verschließbaren Plastikbehälter und lagern sie im Kühlschrank. Auch dort ist die Haltbarkeit aber nicht unbegrenzt, weswegen Sie am besten immer nur kleinere Mengen Weichkekse backen (siehe auch Seite 122).

> ### ! Wasser nicht vergessen

Hunde bestehen wie wir Menschen auch zu über 70 Prozent aus Wasser. Wenn sie zu wenig trinken, sinkt die Leistungsfähigkeit innerhalb kurzer Zeit. Achte Sie daher darauf, dass Ihr Hund jederzeit frisches Wasser im Napf vorfindet. Wenn Sie viele Kekse füttern, ist der Bedarf besonders groß.

Die Jeffo-Prinzipien

Ich habe schon vor Jahren begonnen, die Etiketten auf Futterdosen und Tüten genau zu studieren, um herauszufinden, welche Bestandteile in Hundefutter und Leckerlis enthalten sind. Und ich war oft fassungslos, was ich dabei auf den Zutatenlisten entdeckte; die wenigsten Produkte enthielten etwas Nahrhaftes oder Gesundes. Zum Glück hat sich das in den vergangenen Jahren gebessert – und ich hoffe, dass auch ich mit meinen Jeffo's-Leckerlis dazu beigetragen habe.

Meine wichtigsten Regeln

Wenn ich neue Hundekekse entwickele, halte ich mich immer an meine eigenen »Vorschriften«, die ich mit der Zeit immer klarer definiert habe. Natürlich gehört noch mehr zu einem gesunden Hundekeks, aber ich finde diese Regeln sind das wichtigste Fundament.

› Meine erste Regel lautet: Hundekekse brauchen keinen zusätzlichen Zucker, Salz oder Konservierungsmittel. Zucker macht dick und schadet den Zähnen. Salz ist in geringen Mengen zwar lebenswichtig, im Übermaß jedoch schadet es der Gesundheit. Und Konservierungsmittel haben keinen anderen Zweck, als die Haltbarkeit der Produkte zu verlängern, was wiederum den Preis senkt. Da ich meine Hundekekse bei niedrigen Temperaturen backe oder trockne, brauche ich keine Konservierungsmittel. Und Sie brauchen sie auch nicht.

Gut gemacht. Neben diesem Lob gibt es für Ihren Vierbeiner keine tollere Belohnung als ein Leckerli. Und wenn das dann auch noch selbst gebacken ist ...

› Meine zweite Regel: keine künstlichen Farb- oder Geschmacksstoffe. Die Natur bietet genug Zutaten, um Hundekekse einzufärben: grüner Spinat, gelbes Kurkuma, pinkfarbene Rote Bete ... Und wenn man die richtigen Zutaten wählt, stimmt auch das Aroma.

› Regel Nummer drei: Ich finde, dass Hundekekse keine tierischen Nebenprodukte enthalten sollten. Zugegeben, ich habe viel Fantasie und stelle mir alles Mögliche vor, wenn ich diese »Zutat« auf einem Etikett entdecke. Genau aus diesem Grund haben die aber in meinen Cookies auch nichts zu suchen.

› Regel Nummer vier: Die Hundekekse werden bei niedrigen Temperaturen langsam gebacken. So bleibt die Qualität erhalten und die Leckerlis werden schön knusprig.

Gesunde Backzutaten

Meine erste Regel beim Lebensmittelkauf lautet: Greifen Sie zu den gesündesten Zutaten, die Sie sich leisten können. Ich beherzige dies nicht nur, wenn ich für mich selbst koche, sondern auch bei meinem Hund. Ich weiß, dass wir »nur« Hundekekse backen, und oft ist es einem Hund auch wirklich egal, was er isst, so lange er überhaupt etwas zu futtern hat. Trotzdem: Ich bin überzeugt davon, dass Sie, wenn Sie mit gesunden Zutaten für Ihren Hund backen, auch sich selbst gesünder ernähren wollen. Ganz abgesehen davon werden Sie staunen, wie gut diese Hundekekse schmecken. Ich habe schon oft Freunden Cookies mitgegeben (natürlich für Ihre Vierbeiner) und später einen Anruf erhalten, wie lecker die Kekse geschmeckt haben – und zwar ihnen selbst. Ich freue mich jedes Mal, das zu hören.

Empfindliche Hunde

Wie bei den Menschen auch gibt es Hunde, die bestimmte Stoffe nicht vertragen – egal, wie gesund sie auch sein mögen. Das bedeutet keinesfalls, dass Sie die Sache mit dem Backen vergessen können. Sie müssen lediglich ein paar Zutaten austauschen. Hat Ihr Hund zum Beispiel eine Unverträglichkeit gegen Weizen oder Gluten (ein Klebeeiweiß in Getreide), greifen Sie zu glutenfreien Arten wie Reis, Hirse, Mais, Amarant oder Quinoa (einige Rezeptvorschläge finden Sie ab Seite 90). Leidet er an einer Laktose-Intoleranz und verträgt keinen Milchzucker, meiden Sie Rezepte mit Milchprodukten oder lassen die entsprechenden Zutaten einfach weg. Weil sich dadurch die Konsistenz des Teigs ändern kann, geben Sie erst einmal nur ¾ der angegebenen Flüssigkeit zu (den Rest löffelweise). Manchmal vertragen betroffene Tiere auch Joghurt oder Käse besser als Milch, weil der Milchzuckergehalt darin niedriger ist.

Wann gibt es endlich Nachschub? Wenn es ans Backen geht, kann es Ihrem Vierbeiner sicher bald nicht mehr schnell genug gehen.

Für Hunde geeignete Lebensmittel

GESUNDE ZUTATEN	EIGENSCHAFTEN
Amarant, Buchweizen, Hirse, Quiona, Vollkornreismehl	Glutenfreies Getreide
Apfel	Enthält über 30 Mineralstoffe und Spurenelemente.
Banane	Reich an Vitamin B und Kalium.
Basilikum, Rosmarin	Wirkt appetitanregend und magenberuhigend; fördert die Verdauung und den Stoffwechsel.
Carobpulver	Ballaststoffreiches, fettarmes Pulver; enthält viel Vitamin A, B und Kalzium.
Dinkel, Kamut	Alternative bei Weizenunverträglichkeit.
Distelöl	Besonders reich an ungesättigten Fettsäuren (78 % Linolsäure).
Erdnüsse, Mandeln, Walnüsse	Hoher Gehalt an Vitaminen, Mineralstoffen und Spurenelementen.
Haferflocken	Eiweiß- und fettreichstes Getreide, mit den höchsten Mengen an Vitaminen und Mineralstoffen; enthält besonders viel Kalzium.
Hefeflocken	Perfekte Würze; reich an verschiedener B-Vitaminen, Mineralstoffen, Spurenelementen und Eiweiß.
Kürbis	Reich an Kalium, Kalzium, Magnesium und Vitamin C.
Leinsamen	Enthält hohe Mengen Omega-3-Fettsäuren.
Roggen	Aufgrund des hohen Kaliumanteils heilsam für die Leber.
Sojamehl	Gluten- und getreidefrei; eiweißhaltig; gute Ballaststoffquelle.
Süßkartoffel	Eine der reichhaltigsten Quellen an natürlichem Vitamin A und C, Magnesium, Kupfer, Kalium und Eisen; reich an Ballaststoffen; fettfrei.

Das darf nicht in die Hundekekse

Wie Sie auf der voranstehenden Seite sehen, können Sie beim Backen wirklich aus dem Vollen schöpfen. Lassen Sie sich also nicht entmutigen, wenn Ihrem Hund nicht schmeckt, was Sie ihm gebacken haben. Nicht jeder Hund mag jeden Hundekeks – leider. Wie wir Menschen haben eben auch unsere Vierbeiner ihre Vorlieben und geschmacklichen Favoriten. Probieren Sie also aus, welche die Lieblingskekse Ihres Hundes sind.

Vorsicht, unverträglich

Bedenken Sie bei aller Experimentierfreude jedoch, dass es auch einige Zutaten gibt, die für Hunde ungesund sind und schädlich (mitunter sogar lebensbedrohlich) sein können. Zucker und Salz gehören beispielsweise dazu. Trotzdem sind sie in fast allen Hundefuttern und -snacks enthalten. Bei Jeffo verwenden wir weder das eine noch das andere. Und genauso halte ich es auch bei den Rezepten, die ich für Sie in diesem Buch zusammengestellt habe. Aber auch Lebensmittel, die auf den ersten Blick nicht gefährlich wirken, können für Ihren Liebling ein Risiko darstellen. So enthalten zum Beispiel rohes Schweinefleisch und rohe Schweineknochen häufig ein für den Menschen unproblematisches Herpesvirus (Aujeszky-Virus), das für Ihren Hund durchaus eine tödliche Gefahr darstellen kann. Rohe Eier können eine Salmonellenvergiftung verursachen. Das Eiweiß in ihnen enthält außerdem eine Substanz (Avidin), welche die Aufnahme von Biotin (ein B-Vitamin) verhindert und Stoffwechselstörungen verursachen kann. (Geflügel-)Knochen sind klein und splittern – und können dann im Hals stecken bleiben oder zu einer Risswunde im Verdauungssystem führen. Das Gleiche gilt für Fischgräten. Zu guter Letzt natürlich sollte Ihr Hund auf keinen Fall vergammeltes Essen bekommen.Und dass Alkohol für Ihren Hund tabu ist, muss ich wohl nicht erwähnen.

Damit Ihr Vierbeiner weiterhin so gesund bleibt, sollten Sie hundgerecht backen. Denn nicht alles was Ihnen schmeckt, ist auch gut für Ihr Tier.

Für Hunde giftige Lebensmittel

GEFÄHRLICHE INHALTSSTOFFE	WIRKUNG UND SYMPTOME
Alkohol	Durchfall, Erbrechen
Avocado (Fruchtfleisch und Kern)	Herzmuskelschäden, Atemnot, Husten, Bauch-wassersucht (Aszites; krankhafte Ansammlung von Flüssigkeit in der Bauchhöhle)
Bohnen (roh)	Erbrechen, Bauchkrämpfe, Durchfall (auch blutig), verminderte Urinausscheidung, Appetit-losigkeit, Kolik, Fieber
Kaffee	Herzrhythmusstörungen
Kartoffeln (roh)	Erbrechen, Durchfall
Knoblauch (roh oder Granulat)	Nur ab und zu in winzigen Mengen unbedenk-lich. Bei größeren Mengen und/oder rege.-mäßigem Verzehr besteht das Risiko einer lebensbedrohlichen Anämie (Blutarmut).
Macadamianüsse, Bittermandeln	zeitweise Lähmungserscheinungen, Zittern, Fieber
Obstkerne	Speicheln, Erbrechen, Durchfall, Fieber, Atemnot, Krämpfe (bis hin zum Tod)
Schokolade, Kakao	Durchfall, Erbrechen, Zittern, Krämpfe, Läh-mungserscheinungen, Bewusstseinsstörung (bis hin zum Tod)
Tabak	Erregung, Muskelzittern, Erbrechen, Speicheln, erhöhte Atem- und Herzfrequenz, Krämpfe, Bewegungsstörungen, Kreislaufkollaps
Weintrauben, Rosinen	Magenkrämpfe, Erbrechen, Durchfall; in einigen Fällen Nierenversagen
Zwiebeln	Durchfall und Erbrechen, später Anämie (Blut-armut), Anorexie (Verweigerung von Wasser und Futter) und beschleunigte Herz- und Atem-frequenz. Schon eine mittelgroße Zwiebel kann einen kleinen Hund ernsthaft schädigen.

Die richtige Ausrüstung

Das richtige Werkzeug trägt viel dazu bei, dass die Arbeit in der Küche zum wahren Vergnügen wird. Aber keine Sorge, die meisten »Utensilien« haben Sie sicher ohnehin schon in der Schublade. Und vielleicht legen Sie sich ja noch den ein oder anderen ausgefallenen Ausstecher zu, der Ihre Kekse auch optisch unverwechselbar macht.

Ausstecher und Backformen

Erst durch sie wird aus dem Teig ein Keks, Muffin oder Kuchen:

› Ich muss gestehen, dass ich für mein Leben gern Plätzchenausstecher sammle. Und so habe ich für jede Jahreszeit, für jeden Festtag und zu fast jedem Thema das passende Förmchen. Ganz so weit muss Ihre Leidenschaft natürlich nicht gehen. Sie können ebenso gut die Ausstecher verwenden, die Sie schon zu Hause haben. Im Handel sind mittlerweile jedoch viele Formen erhältlich, die sich wirklich hervorragend für Hundekekse eignen. Und vielleicht kann ich ja doch ein bisschen die Sammelwut in Ihnen wecken ...

› Ein Backblech ist zwar nicht so interessant wie ein Ausstecher, aber genauso wichtig. Am besten halten Sie gleich zwei davon parat: Während das eine im Backofen ist, können Sie auf das andere schon die nächsten Kekse legen.

› Weil ich es zwar liebe zu backen, aber hinterher nicht besonders gern abspüle, bin ich ein begeisterter Anhänger von Backpapier. Außerdem kleben die Kekse dann nicht am Blech (und zerbrechen nicht beim Ablösen). Wenn Sie gleich ein paar Bleche voll backen, können Sie das Papier auch ruhig mehrmals verwenden.

› Eine Silikon-Backmatte ist eine gute Investition, wenn Sie erst einmal das Hundekeks-Backfieber gepackt hat. Ich habe meine bereits seit mehreren Jahren und bin immer noch sehr zufrieden damit.

› Ob rund, eckig oder herzförmig: Ohne eine Backform können Sie keinen (Geburstags-)Kuchen backen. Meine Lieblingsform ist übrigens ein riesiger Knochen. Der darin gebackene Kuchen reicht für alle meine Hunde-Freunde.

› Muffinbleche gibt es mittlerweile in allen guten Kaufhäusern – wofür ich wirklich sehr dankbar bin. Als ich 1985 nach Deutschland kam, musste ich dieses uramerikanische Backutensil noch aus meiner Heimat importieren. Muffinförmchen aus Papier halten nicht nur das Blech sauber, sondern geben Ihren Muffins auch eine ganz besondere Note. Förmchen aus Silikon können sie immer wieder verwenden – Sie brauchen nicht einmal ein Muffinblech dafür. Obwohl die Silikonförmchen nicht gefettet werden müssen, kleben die Muffins nicht an (trotzdem ist es am besten, Sie lösen sie gleich nach dem Auskühlen heraus) – und Sie müssen vor dem Verfüttern nicht erst das Papier entfernen.

Küchenmaschinen

Auch wenn Sie für die Rezepte in diesem Buch nicht unbedingt eine Küchenmaschine brauchen: Meiner Meinung nach sind diese Geräte in der ganzen Küche von allen die hilfreichsten. Manche von ihnen können einfach alles: vom Raspeln, Zerkleinern und Pürieren bis zum Kneten und Mixen. Sogar Fleisch können Sie damit ganz frisch durchdrehen. So lassen sich viele Geräte durch ein einziges (gar nicht so großes) ersetzen.

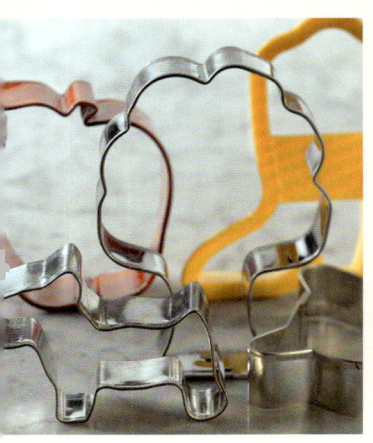

› Was sich aber auf jeden Fall empfiehlt, ist ein Handrührgerät mit Knethaken. Sie können den Teig zwar auch mit der Hand mischen und kneten, aber das ist sehr anstrengend. Und wenn die Vorbereitung zu schwierig wird, verlieren Sie die Lust, bald wieder einmal Kekse zu backen.

› Ein Stabmixer ist hilfreich beim Pürieren von Gemüse oder Obst. Notfalls geht es auch mit einer Gabel – diese Methode erfordert jedoch ein bisschen mehr Muskelkraft.

› Um Gemüse, Obst und Käse zu reiben, brauchen Sie eine Raspel – am besten ein Modell mit einer feinen und einer groben Seite.

Und noch mehr Kleinigkeiten

Sie kennen es ja wahrscheinlich vom Weihnachtsplätzchenbacken. Ein paar »Helferlein« brauchen Sie schon, damit das Ganze nicht in ein Chaos ausartet:

› Eine Waage (am besten eine elektronische), ein Messbecher und -löffel sind unerlässlich für eine gute und erfolgreiche Teigzubereitung. Ohne diese Hilfsmittel müssten Sie alle Zutaten nach Gefühl zugeben, und der Teig würde mit großer Wahrscheinlichkeit zu nass oder zu trocken. Denn anders als beim Kochen kommt es beim Backen ganz genau auf die Mengen an.

› Weil Sie für fast alle Kekse den Teig erst einmal ausrollen müssen, ist ein Nudelholz unentbehrlich. Es gibt viele verschiedene Variationen von Holz bis hin zu Marmor, aber der entscheidende Faktor ist, dass es gut rollt. Ich selbst benutze wahlweise eine Teigrolle aus Holz oder aus Silikon.

› Obwohl ich so gut wie nie Einweghandschuhe aus Plastik trage, weiß ich sie dennoch zu schätzen. Gerade wenn Sie rohes Fleisch verarbeiten oder den Teig von Hand kneten, können diese Handschuhe von großem Wert sein. Denn so bleiben Hände und Fingernägel sauber.

› Backpinsel gibt es aus Naturhaar und aus Silikon. Wenn ich Kekse mit einer Eiglasur bestreiche, wähle ich Silikonpinsel, weil ich sie anschließend einfach in die Spülmaschine geben kann.

› Mit einem Pizzaschneider ist die Herstellung von kleinen Keksen, zum Beispiel den Apfel-Crunchies von Seite 24 , ein Kinderspiel. Wenn Sie noch keine dieser flinken Rollen besitzen, empfehle ich Ihnen, diesen Kauf schnell nachzuholen. Notfalls tut es aber auch ein scharfes Messer.

› Auf einem Kuchengitter können die Kekse nach dem Backen von allen Seiten gleichmäßig auskühlen und nachtrocknen, damit später nichts schimmelt. Natürlich reicht auch ein Rost aus dem Ofen.

Vom Teig zum Keks

Die allererste Grundregel, wenn Sie selbst Kekse für Ihren Hund herstellen wollen, lautet: »Haben Sie Spaß dabei!« Das hört sich vielleicht banal an, aber es stimmt wirklich. Wenn Sie mit Freude dabei sind, geht das Backen kinderleicht von der Hand – und weil sich die Arbeitsschritte bei fast allen Rezepten ähneln, sind Sie beim nächsten Mal schon fast ein erfahrener Backprofi.

Bitte kräftig kneten

Als Erstes wiegen und messen Sie alle benötigten Zutaten in einzelne Gefäße ab. Dann haben Sie alles griffbereit, wenn es ans Kneten geht. Wenn Sie mit Kindern backen, können diese je nach Alter das Abwiegen übernehmen oder Mehl und Co. später nacheinander in die große Rührschüssel kippen. Die Aufgabe, den Teig mit dem elektrischen Mixer zu verarbeiten, fällt dann wieder Ihnen zu.
Hat der Teig schließlich die richtige Konsistenz, rollen Sie ihn auf der bemehlten Arbeitsfläche aus. Achten Sie bei weizen- oder glutenfreien Keksen darauf, dasselbe Mehl zu verwenden wie im Teig.

Jetzt geht es richtig los

Und nun beginnt der schönste Teil: das Ausstechen. Wählen Sie je nach Anlass und/oder Größe des Hundes die passende Plätzchenform (Sie können natürlich auch verschiedene Ausstecher verwenden). Die Teigmenge übrigens ist in den meisten Fällen so berechnet, dass die ausgestochenen Kekse auf ein Backblech passen. So müssen Sie nicht stundenlang Kekse ausstechen und haben mehr Zeit für sich und Ihren Hund. Wichtig, wenn Sie zu mehreren backen: Halten Sie genug Ausstecher bereit, damit sich keiner langweilt (das ist vor allem dann zu empfehlen, wenn Kinder mitarbeiten). Apropos Kinder: Je jünger die kleinen Küchengehilfen sind, desto größer sollten die Ausstecher sein. Dann ist das Erfolgserlebnis garantiert.

Hübsch verziert

Kleine Leckerlis für die Hundeschule oder als Belohnungshappen beim Gassigehen werden Sie wahrscheinlich wie ich selbst »en nature« verfüttern. Besondere Anlässe aber erfordern auch besondere Hundekekse – und hier kommt Ihre Kreativität ins Spiel. Sie können die Cookies zum Beispiel mit einem Prägestempel »beschriften« und ihm so seine unverwechselbare Note aufdrücken. Oder Sie bepinseln jedes Plätzchen vor dem Backen mit Ei (das Ei vorher in einem kleinen Schälchen mit 1 EL Wasser verquirlen). Wer will, drückt anschließend noch geschälte Mandeln auf den Keks – und dann geht es ab damit in den Ofen. Vielleicht spritzen Sie auch eine leckere Frischkäseglasur auf (Rezept siehe Seite 50)? Wenn es ganz schnell gehen soll, empfehle ich Ihnen spezielle Lebensmittelfarbstifte, mit denen Sie wie mit einem Filzstift schreiben und malen können. Trocknen lassen – fertig! Sie können auch zwei Kekse mit Kalbsleberwurst »zusammenkleben« oder mit Frischkäse oder mit ... (im Buch finden Sie viele Anregungen).

Guten Appetit!

Nachdem die Plätzchen vollständig abgekühlt sind, schichten Sie sie vorsichtig in eine luftdurchlässige Dose – oder lassen sie sofort mit einem Haps im Maul Ihres Hundes verschwinden.

Belohnungshäppchen

»Gut gemacht!« Über dieses Lob freut sich jeder Hund – ganz besonders dann, wenn er auch noch ein kleines Leckerli dazubekommt. Gelegenheiten dafür gibt es jeden Tag, zum Beispiel, weil er beim Spazierengehen so gut gefolgt hat, in der Hundschule fleißig war oder beim Einkaufen brav vor dem Laden gewartet hat. Und deshalb habe ich Ihnen hier die besten Rezepte für kleine Kekse zusammengestellt. Egal, ob mit Apfel, Fleisch oder Getreide: Da ist für jeden Geschmack etwas dabei. Die Menge habe ich so berechnet, dass die Leckerlis jeweils für ein bis zwei Wochen reichen.

Apfel-Crunchies

Dieses Rezept habe ich erfunden, bevor es Jeffo gab. Ich habe viele, viele Äpfel geraspelt und kiloweise Teig geknetet, bis ich endlich einen Keks hatte, der meiner Gast-Hündin Stella schmeckte. Dabei habe ich meine Liebe zum Hundekeksbacken entdeckt.

¾ Apfel (ca. 90 g)
150 g Weizenmehl (Type 405)
75 g zarte Haferflocken
½ TL Zimt
1 EL Sonnenblumenöl

Außerdem:
Weizenmehl für die Arbeitsfläche

Für 1 Backblech
 15 Min. Zubereitung | 30–35 Min. Backen

1 Den Backofen auf 180° (Umluft 160°) vorheizen. Ein Backblech mit Backpapier auslegen. Den Apfel schälen, vierteln und vom Kerngehäuse befreien. Das Fruchtfleisch grob raspeln.

2 In einer großen Schüssel Weizenmehl, Haferflocken und Zimt vermischen. Apfelraspel und Sonnenblumenöl dazugeben und alles 2 Minuten mit den Knethaken des Handrührgeräts mischen. 40 ml Wasser zufügen und weitere 4 Minuten rühren, bis sich der Teig vom Schüsselrand löst.

3 Den Teig auf der bemehlten Arbeitsfläche mit den Händen weiterkneten, bis er nicht mehr klebt. Teig etwa 4 mm dick ausrollen. Auf das Backblech heben und mit einer Gabel mehrmals einstechen. Mit einem Messer oder Pizzaschneider in etwa 2 cm große Quadrate schneiden.

4 Die Kekse im Ofen (Mitte) 30–35 Minuten backen, bis sie leicht gebräunt sind. Kekse mitsamt dem Backpapier vom Blech nehmen, auf ein Kuchengitter legen und auskühlen lassen. Nach etwa 15 Minuten das Backpapier entfernen und die Kekse auf dem Gitter ganz trocknen lassen.

> **! Fruchtige Varianten**
>
> Sie können dieses Grundrezept immer wieder abwandeln, indem Sie den Apfel durch 90 g Bananen, Himbeeren, Erdbeeren oder getrocknete Cranberrys ersetzen. Letztere werden auch in Deutschland immer beliebter. Kein Wunder: In ihnen stecken mit die meisten Antioxidanzien – und die halten fit.

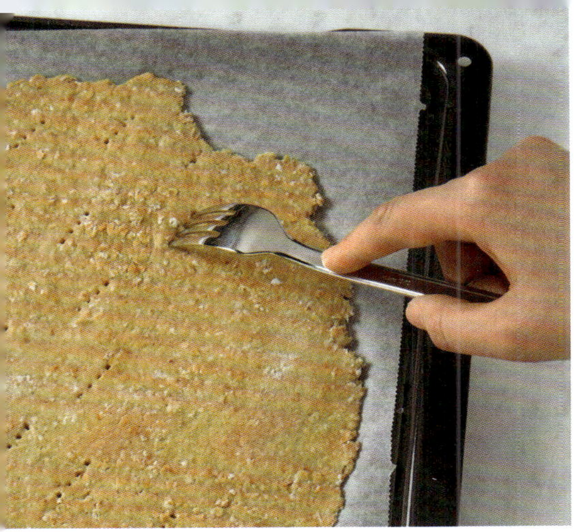
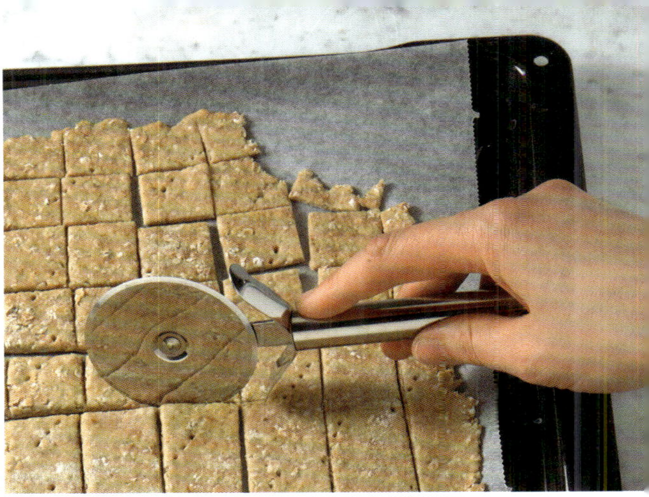
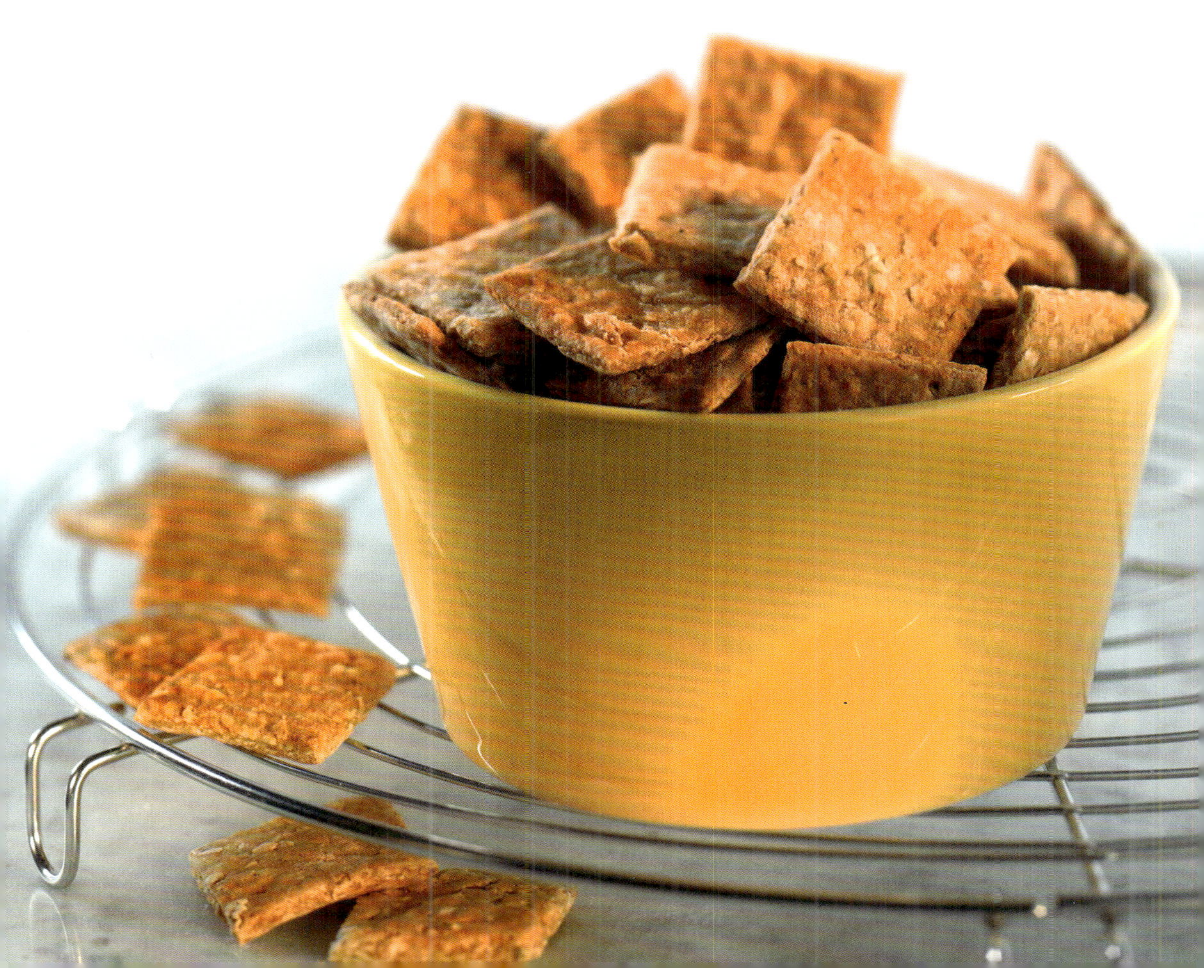

Möhren-Bits

Die kleinen Möhren-Häppchen sind einfach und schnell zubereitet, weshalb ich sie als Einstieg in die Hundekeksbäckerei nur empfehlen kann. So wenig Arbeit Sie damit haben, so viel Freude hat ihr Hund daran – ideale Belohnungshappen.

1 kleine Möhre (ca. 50 g)
150 g Weizenmehl (Type 405)
50 g zarte Haferflocken
1 EL Olivenöl
1 Ei (Größe M)

Außerdem:
Weizenmehl für die Arbeitsfläche

Für 1 Backblech
 15 Min. Zubereitung | 30–35 Min. Backen

> **❗ Ihr Hund liebt Gemüse?**
>
> Dann wandeln Sie dieses Rezept einfach immer wieder mal ab, indem Sie die Möhren durch andere Sorten wie Kürbis, Süßkartoffeln oder Zucchini (jeweils 50 g) ersetzen. Passen Sie dann aber mit der Flüssigkeit auf: Geben Sie erst ¾ der angegebenen Wassermenge in den Teig, den Rest bei Bedarf löffelweise.

1 Den Backofen auf 180° (Umluft 160°) vorheizen. Ein Backblech mit Backpapier auslegen. Die Möhre schälen und grob raspeln.

2 In einer großen Schüssel Weizenmehl und Haferflocken vermischen. Möhrenraspel, Olivenöl und Ei zugeben und alles 2 Minuten mit den Knethaken des Handrührgeräts mischen. 50 ml Wasser zufügen und weitere 4 Minuten rühren, bis sich der Teig vom Schüsselrand löst.

3 Den Teig auf der bemehlten Arbeitsfläche mit den Händen weiterkneten, bis er nicht mehr klebt. Teig etwa 4 mm dick ausrollen. Auf das mit Backpapier ausgelegte Blech heben und mit einer Gabel mehrmals einstechen. Mit einem scharfen Messer oder dem Pizzaschneider in etwa 2 cm große Quadrate schneiden.

4 Das Blech in den Ofen (Mitte) schieben und die Kekse 30–35 Minuten backen, bis sie leicht gebräunt sind. Kekse mitsamt dem Backpapier vom Blech nehmen, auf ein Kuchengitter legen und auskühlen lassen. Nach ca. 15 Minuten das Backpapier entfernen und die Möhren-Bits auf dem Gitter völlig austrocknen lassen.

Erdnussflips

Als gebürtigem US-Amerikaner war mir klar, dass ich irgendwann einen Keks mit Erdnussbutter kreieren würde. Natürlich verwende ich in diesem Rezept nur reine Erdnusscreme ohne Salz und Zucker – und Marmelade obenauf gibt es auch nicht.

150 g Weizenvollkornmehl
50 g zarte Haferflocken
1 EL Carobpulver (aus dem Reformhaus oder Bioladen)
3 EL Erdnusscreme (50 g; ohne Salz und Zucker)
1 Ei (Größe M)

Außerdem:
Weizenvollkornmehl für die Arbeitsfläche

Für 1 Backblech
 15 Min. Zubereitung | 30–35 Min. Backen

> **! Was ist Carob?**
>
> Carob, ein Pulver aus den Früchten des Johannisbrotbaums, wird auch als Kakaoersatz bezeichnet, ist aber anders als herkömmlicher Kakao reich an Vitaminen, Mineralstoffen und Ballaststoffen. Ersetzen Sie das Pulver auf keinen Fall durch »normalen« Kakao, denn Schokolade ist für Hunde ungesund.

1 Den Backofen auf 180° (Umluft 160°) vorheizen. Ein Backblech mit Backpapier auslegen.

2 In einer großen Schüssel Weizenvollkornmehl, Haferflocken und Carobpulver vermischen. Erdnusscreme und Ei dazugeben und alles 2 Minuten mit den Knethaken des Handrührgeräts mischen. 100 ml Wasser zufügen und weitere 4 Minuten rühren, bis sich der Teig vom Schüsselrand löst.

3 Den Teig auf der bemehlten Arbeitsfläche mit den Händen weiterkneten, bis er nicht mehr klebt. Teig etwa 4 mm dick ausrollen. Auf das Backblech heben und mit einer Gabel mehrmals einstechen. Mit einem Messer oder Pizzaschneider in etwa 2 cm große Quadrate schneiden.

4 Das Blech in den Ofen (Mitte) schieben und die Kekse 30–35 Minuten backen, bis sie leicht gebräunt sind. Das Blech aus dem Ofen nehmen und die Kekse mitsamt dem Backpapier vom Blech nehmen, auf ein Kuchengitter legen und auskühlen lassen. Nach ca. 15 Minuten das Backpapier entfernen und die Erdnussflips auf dem Gitter völlig austrocknen lassen.

Leber-Bits

Auch wenn viele Zweibeiner die Nase rümpfen: Leber kommt bei Hunden tierisch gut an. Das können Sie sich nicht vorstellen? Dann packen Sie beim nächsten Training einfach ein paar dieser Kekse ein. Sie werden staunen, wie ihr Hund mitarbeitet.

150 g Maismehl
60 g zarte Haferflocken
50 g Leber, fertig gekocht und fein gehackt
(siehe Rezept Seite 105)
30 g geriebener Parmesan
1 TL getrocknete Petersilie
1 TL Knoblauchpulver
1 EL Olivenöl

Außerdem:
Maismehl für die Arbeitsfläche

Für 1 Backblech
 15 Min. Zubereitung | 30–35 Min. Backen

❗ Fleisch schneiden

Sie fassen nicht gern Leber (oder auch anderes rohes Fleisch) an? Dann geht es Ihnen wie meiner Schwester. Sie hasst die seltsame Konsistenz. Ihr Tipp: Ziehen Sie beim Schneiden Einweghandschuhe an und werfen Sie diese anschließend einfach in den Abfalleimer.

---

1 Den Backofen auf 180° (Umluft 160°) vorheizen. Ein Backblech mit Backpapier auslegen.

2 In einer großen Schüssel Maismehl, Haferflocken, gehackte Leber, geriebenen Parmesan, getrocknete Petersilie und Knoblauchpulver vermischen. Olivenöl zugeben und alles 1 Minute mit den Knethaken des Handrührgeräts mischen. 200 ml Wasser zufügen und weitere 4 Minuten rühren, bis sich der Teig vom Schüsselrand löst.

3 Den Teig auf der bemehlten Arbeitsfläche mit den Händen weiterkneten, bis er nicht mehr klebt. Teig etwa 4 mm dick ausrollen. Auf das Backblech heben und mit einer Gabel mehrmals einstechen. Mit einem Messer oder Pizzaschneider in etwa 2 cm große Quadrate schneiden.

4 Die Kekse im Ofen (Mitte) 30–35 Minuten backen, bis sie leicht gebräunt sind. Kekse mitsamt dem Backpapier vom Blech nehmen, auf ein Kuchengitter legen und auskühlen lassen. Nach ca. 15 Minuten das Backpapier entfernen und die Kekse auf dem Gitter völlig austrocknen lassen.

Kraftknochen

Büroarbeit ist Knochenarbeit und fordert den ganzen Hund. Hirse, Hefeflocken und Sesam sind reich an Vitaminen, Mineralstoffen und Spurenelementen – und davon braucht das Gehirn eine Menge, um Höchstleistungen zu erbringen.

1 TL gekörnte Rinder- oder Hühnerbrühe (ohne Zwiebel und Zusatzstoffe sowie möglichst salzfrei; aus dem Reformhaus oder Bioladen)
120 g Weizenvollkornmehl
80 g Weizenmehl (Type 405)
50 g Hirseflocken
3 EL Hefeflocken
1 EL Sesamsamen
1 EL Olivenöl

Außerdem:
Weizenmehl für die Arbeitsfläche
Ausstecher in Knochenform

Für 1 Backblech
 20 Min. Zubereitung | 25–30 Min. Backen

> **❗ Achtung, frisch gestempelt**
>
> Um Ihrem Knochen eine persönliche Note zu verleihen, drücken Sie vor dem Backen mithilfe eines Buchstaben-Prägestempels kleine Botschaften auf die Hundekekse, zum Beispiel »Brotzeit«, »Meins«, »Snack« oder »Noch einen!«. Schließlich isst auch hier das Auge mit.

1 Den Backofen auf 180° (Umluft 160°) vorheizen. Ein Backblech mit Backpapier auslegen. Die gekörnte Brühe in 145 ml kochendem Wasser auflösen. Abkühlen lassen.

2 Währenddessen in einer großen Schüssel die beiden Mehlsorten mit Hirseflocken, Hefeflocken und Sesamsamen vermischen. Olivenöl dazugeben und alles 1 Minute mit den Knethaken des Handrührgeräts mischen. Die Brühe hinzufügen und weitere 4 Minuten rühren, bis sich der Teig vom Schüsselrand löst.

3 Den Teig auf der bemehlten Arbeitsfläche mit den Händen weiterkneten, bis er nicht mehr klebt. Teig etwa 4 mm dick ausrollen und mit einer Gabel mehrmals einstechen. Plätzchen ausstechen und auf das Backblech legen. Die Teigreste wieder zu einer Kugel formen und erneut ausrollen.

4 Kekse im Ofen (Mitte) 25–30 Minuten backen, bis sie leicht gebräunt sind und auf Fingerdruck nicht mehr nachgeben. Aus dem Ofen nehmen und auf einem Kuchengitter völlig abkühlen lassen.

Bagels

Halb zehn Uhr morgens in Deutschland – das halbe Büro macht Brotzeit. Packen Sie
für Ihren Hund ein paar selbst gebackene Bagels ein. Ob mit oder ohne Frischkäse:
Sie schmecken einfach unwiderstehlich.

50 g TK-Blattspinat (gehackt)
140 g Weizenvollkornmehl
60 g zarte Haferflocken
40 g geriebener Mozzarella
1 gestr. EL Apfelmus (ungesüßt)

Außerdem:
Weizenvollkornmehl für die Arbeitsfläche
Ausstecher in Ringform, 6 cm Durchmesser

Für 1 Backblech
 20 Min. Zubereitung | 25–30 Min. Backen

> **! Bagels mit Aufstrich**
>
> Für besondere Anlässe bestreichen Sie einen Bagel
> mit 1 TL Frischkäse. Reiben Sie eine kleine Möhre
> auf der groben Gemüsereibe und streuen Sie die
> Raspel auf den bestrichenen Bagel. Oder schneiden
> Sie eine Scheibe von einem Apfel ab und legen Sie
> sie auf den Frischkäse-Bagel.

1 Den Backofen auf 180° (Umluft 160°) vorheizen.
Ein Backblech mit Backpapier auslegen. Spinat auftauen lassen.

2 In einer großen Schüssel Weizenvollkornmehl
und Haferflocken vermischen. Spinat, Mozzarella
und Apfelmus dazugeben und alles 1 Minute mit
den Knethaken des Handrührgeräts mischen.
45 ml Wasser zugeben und weitere 4 Minuten
rühren, bis sich der Teig vom Schüsselrand löst.

3 Den Teig auf der bemehlten Arbeitsfläche mit
den Händen weiterkneten, bis er nicht mehr klebt.
Teig etwa 4 mm dick ausrollen und mit einer Gabel
mehrmals einstechen. Plätzchen ausstechen und
auf das Backblech legen. Die durch den Ausstecher
entstandenen Teigkreise ebenfalls auf das Blech
legen oder weiter verarbeiten (zu einer Kugel formen und erneut ausrollen).

4 Das Blech in den Ofen (Mitte) schieben und die
Kekse 25–30 Minuten backen, bis sie leicht gebräunt sind und auf Fingerdruck nicht mehr nachgeben. Auf einem Kuchengitter abkühlen lassen.

Lunchbox

Buchstaben- und Zahlenkekse

Wer sagt, dass Ihr Hund nicht lesen oder zählen kann. Mithilfe dieser süßen, kleinen Plätzchen wird er Ihnen das Gegenteil beweisen: Ich bin reif für die Hundeschule! Das erste Wort, das er buchstabiert? Na klar: Lecker!

160 g Weizenvollkornmehl
40 g Weizenkleie
1 EL Magermilchpulver
1 Ei (Größe M)
1 EL Sonnenblumenöl
1 EL Zuckerrübensirup oder Honig

Außerdem:
Weizenvollkornmehl für die Arbeitsfläche
Ausstecher in Buchstaben- oder Zahlenform

Für 1 Backblech
 25 Min. Zubereitung | 20–25 Min. Backen

! Klappt auch mit Frischmilch

Wenn Sie kein Magermilchpulver zur Hand haben, können Sie auch halbfette Frischmilch verwenden. Damit der Teig nicht zu nass wird, geben Sie dann aber kein Wasser mehr zu. Beginnen Sie zunächst mit 2 EL Milch und fügen Sie esslöffelweise mehr hinzu, bis der Teig die gewünschte Konsistenz hat.

1 Den Backofen auf 180° (Umluft 160°) vorheizen. Ein Backblech mit Backpapier auslegen.

2 In einer großen Schüssel Weizenvollkornmehl, Weizenkleie und Magermilchpulver vermischen. Ei, Sonnenblumenöl und Zuckerrübensirup beziehungsweise Honig dazugeben und alles 2 Minuten mit den Knethaken des Handrührgeräts mischen. 80 ml Wasser zufügen und weitere 4 Minuten rühren, bis sich der Teig vom Schüsselrand löst.

3 Den Teig auf der bemehlten Arbeitsfläche mit den Händen weiterkneten, bis er nicht mehr klebt. Teig etwa 4 mm dick ausrollen und mit einer Gabel mehrmals einstechen. Plätzchen ausstechen und auf das Backblech legen. Die Teigreste wieder zu einer Kugel formen und erneut ausrollen.

4 Das Blech in den Ofen (Mitte) schieben und die Plätzchen 20–25 Minuten backen, bis sie leicht gebräunt sind und auf Fingerdruck nicht mehr nachgeben. Das Blech aus dem Ofen nehmen und die Kekse vor dem Verpacken auf einem Kuchengitter vollständig abkühlen lassen.

Good-Boy-Cookies

Sitz …, Platz …, Komm …, Bleib …, Steh! Good Boy! Dank dieser Belohnungskekse folgt ihr Hund mit Sicherheit im Handumdrehen. Und sind nicht auch plötzlich all seine »Mitschüler« ganz wild auf sie?

1 große Banane (90–100 g)
150 g Weizenmehl (Type 405)
50 g Weizenkleie
20 g Carobpulver (aus dem Reformhaus oder Bioladen)
1 EL Magermilchpulver

Außerdem:
Weizenmehl für die Arbeitsfläche
Ausstecher in Hundeform

Für 1 Backblech
 20 Min. Zubereitung | 25–30 Min. Backen

> **!** Gesunde Ballaststoffe
>
> Weizenkleie besteht fast zur Hälfte aus Nahrungsfasern und liefert somit wertvolle Ballaststoffe. Die sind mitverantwortlich für einen gesunden Magen-Darm-Trakt. Wichtig: Carobpulver nicht durch handelsüblichen Kakao ersetzen. Der ist nichts für Ihren vierbeinigen Freund (siehe Seite 28).

1 Den Backofen auf 180° (Umluft 160°) vorheizen. Ein Backblech mit Backpapier auslegen. Die Banane schälen und das Fruchtfleisch mit einer Gabel zerdrücken.

2 In einer großen Schüssel Weizenmehl, Weizenkleie, Carob- und Magermilchpulver vermischen. Bananenpüree dazugeben und alles 1 Minute mit den Knethaken des Handrührgeräts mischen. 80 ml Wasser zufügen und weitere 4 Minuten rühren, bis sich der Teig vom Schüsselrand löst.

3 Den Teig auf der bemehlten Arbeitsfläche mit den Händen weiterkneten, bis er nicht mehr klebt. Teig etwa 4 mm dick ausrollen und mit einer Gabel mehrmals einstechen. Plätzchen ausstechen und auf das Backblech legen. Die Teigreste wieder zu einer Kugel formen und erneut ausrollen.

4 Die Plätzchen im Ofen (Mitte) 25–30 Minuten backen, bis sie leicht gebräunt sind und auf Fingerdruck nicht mehr nachgeben. Das Blech aus dem Ofen nehmen und die Kekse auf einem Kuchengitter völlig abkühlen lassen.

Feine Fischchen

*Hunde und Fische haben eines gemeinsam: Sie sollten beide in die Schule gehen. Verges-
sen Sie daher nicht, diese feinen Fischchen einzupacken, wenn Ihr Liebling das nächste
Mal beim Hundetrainer »die Schulbank drückt«. Er wird dann umso eifriger lernen.*

1 Dose Thunfisch im eigenen Saft
(ca. 150 g Abtropfgewicht)
100 g Maismehl
100 g Weizenmehl (Type 405)
1 TL getrocknete Petersilie
½ TL Knoblauchpulver

Außerdem:
Weizenmehl für die Arbeitsfläche
Ausstecher in Fischform

Für 1 Backblech
 15 Min. Zubereitung | 30–35 Min. Backen

> **! Achtung, Gräten**
>
> Statt des Thunfischs können Sie auch 150 g Lachs-
> filet nehmen. Fahren Sie mit den Fingern langsam
> über das Filet, um zu sehen, ob noch kleine Gräten
> darin stecken und ziehen Sie diese mit einer Pinzette
> heraus. Den Fisch 15 Minuten im heißen Wasser-
> dampf garen, abkühlen lassen und klein schneiden.

1 Den Backofen auf 180° (Umluft 160°) vorheizen.
Ein Backblech mit Backpapier auslegen. Thunfisch
in einem Sieb abtropfen lassen.

2 In einer großen Schüssel Maismehl, Weizenmehl, Petersilie und Knoblauchpulver vermischen.
Abgetropften Thunfisch zugeben und alles 1 Minute
mit den Knethaken des Handrührgeräts mischen.
100 ml Wasser zufügen und weitere 4 Minuten rühren, bis sich der Teig vom Schüsselrand löst.

3 Den Teig auf der bemehlten Arbeitsfläche mit
den Händen weiterkneten, bis er nicht mehr klebt.
Teig 4–5 mm dick ausrollen und mit einer Gabel
mehrmals einstechen. Mit einer Fischform Plätzchen ausstechen und auf das Backblech legen.
Die Teigreste wieder zu einer Kugel formen und
erneut ausrollen.

4 Das Blech in den Ofen (Mitte) schieben und die
Plätzchen 30–35 Minuten backen, bis sie leicht gebräunt sind und auf Fingerdruck nicht mehr nachgeben. Das Blech aus dem Ofen nehmen und die
Kekse auf dem Kuchengitter völlig abkühlen lassen.

Fünf-Sterne-Kekse

Köstliche Erdnusscreme und Apfelmus vereint in einem Keks: Gibt es überhaupt etwas Köstlicheres? Wenn Ihr Hund aus der Schule kommt, bekommt er eine Auszeichnung – und zwar fünf Sterne.

140 g Weizenmehl (Type 405)
80 g zarte Haferflocken
1 TL Backpulver
3 EL Apfelmus (ca. 40 g; ungesüßt)
3 EL Erdnusscreme (ca. 45 g; ohne Salz und Zucker)
1 Ei (Größe M)

Außerdem:
Weizenmehl für die Arbeitsfläche
Ausstecher in Sternform

Für 1 Backblech
 20 Min. Zubereitung | 15–20 Min. Backen

> **❗ Frische Früchte**
>
> Wenn Sie kein Apfelmus zur Hand haben, können Sie auch einen frischen Apfel, eine reife Banane oder eine Birne verwenden. Schneiden Sie das Obst erst in kleine Stücke und pürieren Sie es dann mit dem Stabmixer oder zerdrücken Sie es mit einer Gabel. Von dem Mus 3 EL nehmen.

1 Den Backofen auf 180° (Umluft 160°) vorheizen. Ein Backblech mit Backpapier auslegen.

2 In einer großen Schüssel Weizenmehl, Haferflocken und Backpulver vermischen. Apfelmus, Erdnusscreme und Ei dazugeben und alles 2 Minuten mit den Knethaken des Handrührgeräts mischen. 30 ml Wasser zufügen und 4 Minuten weiterrühren, bis sich der Teig vom Schüsselrand löst.

3 Den Teig auf der bemehlten Arbeitsfläche mit den Händen weiterkneten, bis er nicht mehr klebt. Teig etwa 4 mm dick ausrollen und mit einer Gabel mehrmals einstechen. Plätzchen ausstechen und auf das Backblech legen. Die Teigreste wieder zu einer Kugel formen und erneut ausrollen.

4 Die Kekse im Ofen (Mitte) 15–20 Minuten backen, bis sie leicht gebräunt sind und auf Fingerdruck nicht mehr nachgeben. Anschließend auf einem Kuchengitter völlig abkühlen lassen.

Käsestangen

200 g Weizenvollkornmehl | 75 g Maismehl | 65 g geriebener Parmesan | 1 TL Backpulver | ½ TL Knoblauchpulver | 1 EL Olivenöl | 1 Ei (Größe M)

Außerdem:
Weizenvollkornmehl für die Arbeitsfläche

Für 1 Backblech
🕐 15 Min. Zubereitung | 25–30 Min. Backen

1 Den Backofen auf 180° (Umluft 160°) vorheizen. Ein Backblech mit Backpapier auslegen.

2 Weizenvollkornmehl, Maismehl, 50 g Parmesan, Backpulver und Knoblauchpulver vermischen. Olivenöl zugeben und alles 1 Minute mit den Knethaken des Handrührgeräts mischen. 120 ml Wasser zufügen und weitere 4 Minuten rühren, bis sich der Teig vom Schüsselrand löst.

3 Den Teig auf der bemehlten Arbeitsfläche mit den Händen weiterkneten, bis er nicht mehr klebt. Etwa 5mm dick ausrollen, mit einer Gabel mehrmals einstechen und mit dem Messer oder Pizzaschneider in 12 cm lange und 1,5 cm breite Streifen schneiden. Auf das Backblech legen.

4 Ei mit 1 EL Wasser verquirlen. Streifen damit einstreichen und den restlichen Parmesan aufstreuen.

5 Das Blech in den Ofen (Mitte) schieben und die Käsestangen 25–30 Minuten backen, bis sie leicht gebräunt sind. Auf einem Gitter abkühlen lassen.

Foto Seite 45 rechts oben

Brezen

1 TL gekörnte Rinder- oder Hühnerbrühe (ohne Zwiebel, Zusatzstoffe aus dem Reformhaus oder Bioladen) | 120 g Weizenvollkornmehl | 80 g Weizenmehl (Type 405) | 20 g Weizenkleie | 2 EL Hefeflocken | 1 Ei (Größe M) | 2 EL Sesamsamen

Außerdem:
Weizenmehl für die Arbeitsfläche | Ausstecher in Brezenform mit Auswerfer

Für 1 Backblech
🕐 20 Min. Zubereitung | 20–25 Min. Backen

1 Den Backofen auf 180° (Umluft 160°) vorheizen. Ein Backblech mit Backpapier auslegen. Die Brühe in 160 ml kochendem Wasser auflösen. Abkühlen lassen.

2 Beide Mehle, Weizenkleie und Hefeflocken vermischen. Brühe zufügen und alles 4 Minuten kneten, bis sich der Teig vom Schüsselrand löst.

3 Den Teig auf der bemehlten Arbeitsfläche mit den Händen weiterkneten, bis er nicht mehr klebt. 3 mm dick ausrollen und mit der Gabel mehrmals einstechen. Brezen ausstechen, auf das Blech legen.

4 Ei mit 1 EL Wasser verquirlen. Die Plätzchen damit bestreichen und mit Sesamsamen bestreuen.

5 Das Blech in den Ofen (Mitte) schieben und die Brezen 20–25 Minuten backen. Abkühlen lassen.

Foto Seite 45 links unten

Leckerlis fürs ganze Jahr

Auch wenn die Werbung uns glauben machen will, dass sich ein Herz nur mit Rosen und Diamanten erobern lässt: Vergessen Sie es! Hundeherzen gewinnen Sie am besten mit ein paar feinen Leckereien. Liebe geht eben durch den Magen. Nachdem ich meine Rezepte bei vielen Hunden (und auch Menschen) getestet habe, hat sich jedoch schnell gezeigt, dass jeder auf seine ganz eigenen Lieblings-Cookies schwört. In diesem Kapitel finden Sie daher die unterschiedlichsten Keksideen für jede Jahreszeit und jeden Anlass. Blättern Sie um und lassen Sie sich inspirieren!

Frühlings-Cookies

Ein leichter Duft von Blumen schwebt in der Luft, und Schmetterlinge führen Ihr Luft-
ballett auf. Feiern Sie mit Ihrem Hund, dass der Winter vorbei ist. Was eignet sich dazu
besser als diese lockeren und fruchtigen Kekse?

1 kleine Möhre (ca. 50 g)
½ Apfel (ca. 60 g)
150 g Dinkelmehl (Type 630)
100 g zarte Haferflocken
1 EL Leinsamen
1 EL Olivenöl

Außerdem:
Dinkelmehl für die Arbeitsfläche
Ausstecher in Schmetterlings- oder Blütenform

Für 1 Backblech
 20 Min. Zubereitung | 25–30 Min. Backen

1 Den Backofen auf 180° (Umluft 160°) vorheizen. Ein Backblech mit Backpapier auslegen. Die Möhre schälen. Den Apfel schälen, vierteln und vom Kerngehäuse befreien. Möhre und Apfel auf der Gemüsereibe fein raspeln.

2 In einer Schüssel Dinkelmehl, Haferflocken und Leinsamen vermischen. Geraspelte Möhre, Apfel und Olivenöl dazugeben und alles 2 Minuten mit den Knethaken des Handrührgeräts mischen. 80 ml Wasser zufügen und weitere 4 Minuten rühren, bis sich der Teig vom Schüsselrand löst.

3 Den Teig auf der bemehlten Arbeitsfläche mit den Händen weiterkneten, bis er nicht mehr klebt. Teig etwa 4 mm dick ausrollen und mit einer Gabel mehrmals einstechen. Plätzchen ausstechen und auf das Backblech legen. Die Teigreste wieder zu einer Kugel formen und erneut ausrollen.

4 Das Blech in den Ofen (Mitte) schieben und die Plätzchen 25–30 Minuten backen, bis sie leicht gebräunt sind und auf Fingerdruck nicht mehr nachgeben. Blech aus dem Ofen nehmen und die Kekse auf einem Kuchengitter völlig abkühlen lassen.

> **! Wertvolle Leinsamen**
>
> Leinsamen, die Samen des Flachs, enthalten viel Omega-3-Fettsäure – mehr noch als alle gängigen Pflanzenöle. Die lebensnotwendigen ungesättigten Fettsäuren wirken sich positiv auf das Herz-Kreislauf-System aus. Ganz abgesehen davon schmecken die Samen angenehm und leicht nussig.

Bananen-Walnuss-Muffins

Ich verspreche Ihnen: Diese Muffins sind der Hit auf der nächsten Hundeparty. Da bleibt der Napf nicht lange gefüllt. Erst recht nicht, wenn Sie das Gebäck mit einer cremigen Glasur aus Frischkäse dekorieren.

1 kleine Banane (ca. 80 g)
30 g Walnusshälften
180 g Dinkelmehl (Type 630)
1 TL Backpulver
1 Ei (Größe M)

Außerdem:
Muffinform
Speiseöl oder Backförmchen aus Papier

Für 6 Muffins
 10 Min. Zubereitung | 20–25 Min. Backen

> **! Frischkäse-Haube**
>
> Für besondere Anlässe können Sie die Muffins mit einer feinen Glasur verzieren. Mischen Sie dazu 100 g Frischkäse, 1 TL Carobpulver (nicht durch Kakao ersetzen) und 1 TL Honig in einer kleinen Schüssel. Die Muffins dann aber bis zum Verzehr im Kühlschrank aufbewahren.

1 Den Backofen auf 200° (Umluft 180°) vorheizen. Die Muffinform mit Speiseöl leicht einpinseln oder mit Papierförmchen auslegen. Die Banane schälen und das Fruchtfleisch mit einer Gabel pürieren. Walnusshälften mit einem großen scharfen Messer fein hacken.

2 In einer großen Schüssel Dinkelmehl, Backpulver und Walnüsse vermischen. Bananenpüree, Ei und 150 ml Wasser zufügen und nur so lange mit den Knethaken des Handrührgeräts rühren, bis die trockenen Zutaten gerade feucht sind.

3 Die Vertiefungen der Muffinform zu drei Viertel mit Teig füllen.

4 Die Form in den Ofen (Mitte) stellen und die Muffins 20–25 Minuten backen. Das Blech herausnehmen und die Muffins erst 10 Minuten in der Form, dann auf einem Kuchengitter vollständig abkühlen lassen.

Spinathäschen

Diese Häschen haben es in sich und stecken voller Spinat-Power. Und wenn Ihr Hund vom Ostereiersuchen müde ist, kommt so ein Energieschub gerade recht. Den kann er übrigens auch zu jeder anderen Jahreszeit mal gebrauchen.

50 g TK-Blattspinat (gehackt)
120 g Reisvollkornmehl (aus dem Reformhaus oder Bioladen)
70 g zarte Haferflocken
30 g geriebener Parmesan
1 TL Knoblauchpulver
1 Ei (Größe M)

Außerdem:
Reisvollkornmehl für die Arbeitsfläche
Ausstecher in Hasenform

Für 1 Backblech
 25 Min. Zubereitung | 25–30 Min. Backen

> **!** Selbst gemahlenes Reismehl
>
> Sie hatten keine Zeit, ins Reformhaus zu gehen? Kein Problem, schließlich können Sie Reisvollkornmehl ganz leicht selbst herstellen. Sie müssen dazu nur Naturreis in der elektrischen Kaffeemühle mahlen. In einer luftdichten Dose lässt sich das Reismehl bis zu 3 Mon. aufbewahren.

1 Den Backofen auf 180° (Umluft 160°) vorheizen. Ein Backblech mit Backpapier auslegen. Den Spinat auftauen lassen.

2 In einer großen Schüssel Reisvollkornmehl, Haferflocken, Parmesan und Knoblauchpulver mischen. Spinat und Ei dazugeben und alles 2 Minuten mit den Knethaken des Handrührgeräts mischen. Falls der Teig zu trocken ist, löffelweise 1–2 EL Wasser zufügen und weitere 4 Minuten rühren, bis der Teig grob bindet.

3 Den Teig auf der bemehlten Arbeitsfläche mit den Händen weiterkneten, bis er nicht mehr klebt. Teig etwa 4 mm dick ausrollen und mit einer Gabel mehrmals einstechen. Plätzchen ausstechen und auf das Backblech legen. Die Teigreste wieder zu einer Kugel formen und erneut ausrollen.

4 Kekse im Ofen (Mitte) 25–30 Minuten backen, bis sie leicht gebräunt sind und auf Fingerdruck nicht mehr nachgeben. Aus dem Ofen nehmen und auf einem Kuchengitter völlig abkühlen lassen.

Rübli-Kekse

Eine rohe Möhre im Osternest? Gut möglich, dass Ihr vierbeiniger Gefährte da die Nase rümpft. Aber gegen diese Cookies hat er garantiert nichts einzuwenden. Ein herrlich knackiger Kauspaß!

1 kleine Möhre (ca. 50 g)
160 g Dinkelmehl (Type 630)
50 g Haferkleie (aus dem Reformhaus oder Bioladen)
1 EL Hefeflocken
50 g Magerquark
1 EL Olivenöl

Außerdem:
Dinkelmehl für die Arbeitsfläche
Ausstecher in Möhrenform

Für 1 Backblech
 20 Min. Zubereitung | 20 Min. Backen

1 Den Backofen auf 180° (Umluft 160°) vorheizen. Ein Backblech mit Backpapier auslegen. Möhre schälen und fein raspeln.

2 In einer großen Schüssel Dinkelmehl, Haferkleie und Hefeflocken vermischen. Möhrenraspel, Magerquark und Olivenöl dazugeben und alles 2 Minuten mit den Knethaken des Handrührgeräts mischen. 70 ml Wasser zugeben und weitere 4 Minuten rühren, bis sich der Teig vom Schüsselrand löst.

3 Den Teig auf der bemehlten Arbeitsfläche mit den Händen weiterkneten, bis er nicht mehr klebt. Teig etwa 5 mm dick ausrollen und mit einer Gabel mehrmals einstechen. Plätzchen ausstechen und auf das Backblech legen. Die Teigreste wieder zu einer Kugel formen und erneut ausrollen.

4 Das Blech in den Ofen (Mitte) schieben und die Kekse 20 Minuten backen, bis sie leicht gebräunt sind und auf Fingerdruck nicht mehr nachgeben. Auf einem Kuchengitter völlig abkühlen lassen.

> **! Schön saftig**
>
> Noch fruchtiger wird es, wenn Sie statt Wasser 70 ml frisch gepressten Karotten- oder Gemüsesaft in den Teig rühren. Die Säfte sollten natürlich ohne Zusatzstoffe und salzfrei sein. Wenn Sie eine entsprechende Küchenmaschine besitzen, können Sie den Saft auch schnell selbst auspressen.

Hab-Dich-lieb-Cookies

140 g Weizenmehl (Type 405) | 60 g zarte Haferflocken | 1 TL Backpulver | 100 g TK-Himbeeren | 1 Ei (Größe M) | 1 EL Honig | 1 EL Sonnenblumenöl

Außerdem:
Weizenmehl für die Arbeitsfläche | Herzausstecher

Für 1 Backblech
⊚ 25 Min. Zubereitung | 25 Min. Backen

1 Den Backofen auf 180° (Umluft 160°) vorheizen. Ein Backblech mit Backpapier auslegen. Himbeeren auftauen lassen. Mit einem Stabmixer pürieren und durch ein feines Sieb streichen.

2 Weizenmehl, Haferflocken und Backpulver vermischen. Himbeerpüree, Ei, Honig und Öl zugeben und alles 4 Minuten mit den Knethaken des Handrührgeräts mischen. Falls der Teig zu trocken ist, etwas Wasser zufügen und 1 Minute weiterrühren, bis er sich vom Schüsselrand löst.

3 Teig auf der bemehlten Arbeitsfläche mit den Händen weiterkneten, bis er nicht mehr klebt. Etwa 4 mm dick ausrollen und mit einer Gabel mehrmals einstechen. Plätzchen ausstechen und auf das Backblech legen.

4 Die Kekse im Ofen (Mitte) 25 Minuten backen, bis sie leicht gebräunt sind. Abkühlen lassen.

Liebe geht durch den Magen: Hab-Dich-lieb-Cookies (oben) und Valentinskuchen (unten).

Valentinskuchen

160 g Dinkelmehl (Type 630) | 50 g zarte Haferflocken | 40 g gehackte Walnüsse | 30 g Carobpulver (aus dem Reformhaus oder Bioladen) | 1 TL Backpulver | 100 g Magerquark | 1 Ei (Größe M) | 2 EL Honig

Außerdem:
Herzförmige Kuchenform | Fett für die Form

⊕ 15 Min. Zubereitung | 20–25 Min. Backen

1 Den Backofen auf 200° (Umluft 180°) vorheizen. Die Backform leicht einfetten.

2 In einer großen Schüssel Dinkelmehl, Haferflocken, Walnüsse, Carob- und Backpulver vermischen. Magerquark, Ei, Honig und 250 ml Wasser dazugeben und alles 2 Minuten mit den Knethaken des Handrührgeräts cremig rühren.

3 Die Backform etwa zu ¾ mit Teig füllen. Form in den Ofen (Mitte) schieben und den Kuchen 20–25 Minuten backen. Den Kuchen herausnehmen, 10 Minuten in der Form abkühlen lassen, dann vorsichtig herauslösen und auf einem Kuchengitter völlig auskühlen lassen.

Erdnuss-Cookies

Gehört Ihr Vierbeiner auch zu den – zum Glück – erfolglosen Eichhörnchenjägern?
Dann überraschen Sie ihn doch mit diesen knusprigen Keksen. In den Erdnüssen steckt
viel Vitamin A, B, E und Niacin. Die liefern Energie für die nächste Verfolgungsjagd.

75 g ungesalzene, geschälte Erdnüsse
150 g Dinkelvollkornmehl
100 g Roggenmehl (Type 997)
1 Ei (Größe M)
2 EL Sonnenblumenöl

Außerdem:
Dinkelvollkornmehl für die Arbeitsfläche
Ausstecher in Eichhörnchenform

Für 1 Backblech
 20 Min. Zubereitung | 30–35 Min. Backen

> **!** **Richtig kernig**
>
> Sie können dieses Rezept ganz schnell verändern,
> indem Sie statt der Erdnüsse 75 g gehackte Hasel-
> nüsse, geschälte Mandeln oder Walnüsse unter-
> mischen. Sie sind wie Erdnüsse eine ausgezeichnete
> Eiweißquelle. Vorsicht: Macadamianüsse sind giftig
> für Hunde und können Muskelkrämpfe auslösen.

1 Den Backofen auf 180° (Umluft 160°) vorheizen.
Ein Backblech mit Backpapier auslegen. Erdnüsse
mit einem großen scharfen Messer grob hacken.

2 In einer großen Schüssel Dinkelvollkornmehl,
Roggenmehl und Erdnüsse vermischen. Ei und
Sonnenblumenöl dazugeben und alles 2 Minuten
mit den Knethaken des Handrührgeräts mischen.
80 ml Wasser zufügen und weitere 4 Minuten rühren, bis sich der Teig vom Schüsselrand löst.

3 Den Teig auf der bemehlten Arbeitsfläche mit
den Händen weiterkneten, bis er nicht mehr klebt.
Teig etwa 6 mm dick ausrollen und mit einer Gabel
mehrmals einstechen. Plätzchen ausstechen und
auf das Backblech legen. Die Teigreste wieder zu
einer Kugel formen und erneut ausrollen.

4 Die Plätzchen im Ofen (Mitte) 30–35 Minuten
backen, bis sie leicht gebräunt sind und auf Fingerdruck nicht mehr nachgeben. Das Blech aus dem
Ofen nehmen und die Kekse auf einem Kuchengitter völlig abkühlen lassen.

Bäumchenkeks

Klar, ich weiß, was ein Hund normalerweise vorhat, wenn er auf einen Baum zuläuft. Aber keine Angst, dieses Bäumchen wird Ihnen Ihr Hund aus der Hand reißen und zum Fressen gern haben.

1 TL gekörnte Rinder- oder Hühnerbrühe (ohne Zwiebel, Zusatzstoffe und möglichst salzfrei; aus dem Reformhaus oder Bioladen)
120 g Maismehl
80 g Dinkelmehl (Type 630)
1 TL getrocknete Petersilie
70 g geriebener Emmentaler
1 Ei (Größe M)
1 EL Olivenöl

Außerdem:
Dinkelmehl für die Arbeitsfläche
Ausstecher in Baumform

Für 1 Backblech
 20 Min. Zubereitung | 30–35 Min. Backen

1 Den Backofen auf 180° (Umluft 160°) vorheizen. Ein Backblech mit Backpapier auslegen. Die gekörnte Brühe in 60 ml kochendem Wasser auflösen. Abkühlen lassen.

2 In einer großen Schüssel Maismehl, Dinkelmehl und getrocknete Petersilie vermischen. Geriebenen Emmentaler, Ei und Olivenöl dazugeben und alles 1 Minute mit den Knethaken des Handrührgeräts mischen. Die Brühe zufügen und 4 Minuten weiterrühren, bis sich der Teig vom Schüsselrand löst.

3 Den Teig auf der bemehlten Arbeitsfläche mit den Händen weiterkneten, bis er nicht mehr klebt. Teig etwa 5 mm dick ausrollen und mit einer Gabel mehrmals einstechen. Plätzchen ausstechen und auf das Backblech legen. Die Teigreste wieder zu einer Kugel formen und erneut ausrollen.

4 Das Blech in den Ofen (Mitte) schieben und die Kekse 30–35 Minuten backen, bis sie leicht gebräunt sind und auf Fingerdruck nicht mehr nachgeben. Auf einem Kuchengitter abkühlen lassen.

> **! Apfel-Variante**
>
> Wenn Ihr Hund sich nicht mehr mit einem »normalen« Bäumchen zufrieden gibt, verzaubern Sie diesen einfach in einen Apfelbaum. Ersetzen Sie dazu die Brühe durch 3 EL ungezuckertes Apfelmus. Falls der Teig zu trocken ist, geben Sie löffelweise noch etwas Wasser zu.

Gemüsestäbchen

Auch wenn Hunde von Natur aus keine reinen Fleischfresser sind: Die meisten von ihnen machen eher einen Bogen um gesundes Grünzeug. Damit ist jetzt Schluss. Mit diesen herzhaften Stäbchen verwöhnen Sie Ihren Vierbeiner auf die gesunde Art.

50 g gemischtes TK-Gemüse (Erbsen, Mais, Möhren)
140 g Dinkelmehl (Type 630)
60 g Hirseflocken (aus dem Reformhaus oder Bioladen)
1 EL getrocknete Petersilie
1 EL Olivenöl

Außerdem:
Dinkelmehl für die Arbeitsfläche

Für 1 Backblech
 20 Min. Zubereitung | 20 Min. Backen

> **!** Gemüsevarianten
>
> Sie können für diese Kekse auch frisches, klein gewürfeltes Gemüse verwenden, zum Beispiel Blumenkohl, Brokkoli oder Zucchini. Vorsicht: Verzichten Sie unbedingt auf Zwiebeln. Sie enthalten eine Substanz, die das Hämoglobin in den roten Blutkörperchen zerstört, und können zu Vergiftungen führen.

1 TK-Gemüse in einem Schüsselchen auftauen lassen. Den Backofen auf 180° (Umluft 160°) vorheizen. Ein Backblech mit Backpapier auslegen.

2 In einer großen Schüssel Dinkelmehl, Hirseflocken und Petersilie vermischen. Aufgetautes Gemüse und Olivenöl dazugeben und alles 1 Minute mit den Knethaken des Handrührgeräts mischen. 100 ml Wasser zufügen und weitere 4 Minuten rühren, bis sich der Teig vom Schüsselrand löst.

3 Den Teig auf der bemehlten Arbeitsfläche mit den Händen weiterkneten, bis er nicht mehr klebt. Teig etwa 4 mm dick ausrollen und mit einer Gabel mehrmals einstechen. Mit einem Messer oder dem Pizzaschneider in 5 cm lange und 1 cm breite Streifen schneiden.

4 Die Plätzchen im Ofen (Mitte) 25 Minuten backen, bis sie leicht gebräunt sind und auf Fingerdruck nicht mehr nachgeben. Das Blech aus dem Ofen nehmen und die Gemüsestäbchen auf einem Kuchengitter völlig abkühlen lassen.

Überraschungskekse

Diese Belohnung wird für Ihren Hund nie langweilig sein. Versuchen Sie, so viele verschiedene Füllungen wie möglich zu machen – und jeder einzelne Keks wird eine neue Überraschung für Ihren Vierbeiner sein.

1 TL gekörnte Rinder- oder Hühnerbrühe
(ohne Zwiebel und Zusatzstoffe sowie möglichst
salzfrei; aus dem Reformhaus oder Bioladen)
140 g Weizenmehl (Type 405)
2 EL Hefeflocken
1 Ei (Größe M)
1 EL Olivenöl
80 g Hackfleisch (fertig gekocht) oder Pute oder
Hähnchen (fertig gekocht und fein gehackt –
siehe Rezepte S. 104)

Vorschläge für herzhafte Füllungen:
a) 40 g geriebener Emmentaler oder Mozzarella
b) 80 g Thunfisch im eigenen Saft (aus der Dose)

Vorschläge für »süße« Füllungen:
c) 6 EL Erdnusscreme (90 g; ohne Salz und
   Zucker)
d) ½ gewürfelter Apfel (ca. 60 g)
e) 60 g gehackte Wal- oder Haselnüsse

Außerdem:
Weizenmehl für die Arbeitsfläche
Maultaschenformer

Für 1 Backblech
⊚ 30 Min. Zubereitung | 15 Min. Backen

1 Den Backofen auf 180° (Umluft 160°) vorheizen. Ein Backblech mit Backpapier auslegen. Gekörnte Brühe in 100 ml kochendem Wasser auflösen. Abkühlen lassen.

2 In einer großen Schüssel Weizenmehl und Hefeflocken vermischen. Ei und Olivenöl dazugeben und alles 1 Minute mit den Knethaken des Handrührgeräts mischen. Die Brühe löffelweise hinzufügen (insgesamt ca. 2–3 EL) und weitere 4 Minuten rühren, bis sich der Teig vom Schüsselrand löst. Den Teig 10 Minuten ruhen lassen.

3 Teig auf der bemehlten Arbeitsfläche mit den Händen weiterkneten, bis er nicht mehr klebt. Etwa 3 mm dick ausrollen. Mit der Maultaschenform zuerst die runde Grundform ausstechen (Bild 1).

4 Ein rundes Teigstück in die Klappform einlegen (Bild 2). 1 TL gehacktes Hähnchenfleisch oder Pute oder Hackfleisch (wahlweise Füllung a–e) daraufgeben und die Ränder mit etwas Brühe befeuchten. Maultaschenformer schließen und leicht zusammendrücken (Bild 3). Die Maultasche vorsichtig aus der Form nehmen und auf das Backblech legen (Bild 4). Die restlichen Maultaschen ebenso formen.

5 Das Blech in den Ofen (Mitte) schieben und die Maultaschen 15 Minuten backen, bis sie leicht gebräunt sind. Abkühlen lassen (Bild 5).

Kartoffelchips

20 g geriebener Parmesan | ½ TL Knoblauch-
pulver | ½ TL getrocknete Petersilie | 2 mittel-
große Süßkartoffeln

Für 1 Backblech
⊕ 15 Min. Zubereitung | 2,5–3 Stunden Backen

1 Den Backofen auf 60° (Umluft 50°) vorheizen.
Ein Backblech mit Backpapier auslegen. Parmesan,
Knoblauchpulver und Petersilie vermischen.

2 Süßkartoffeln schälen und auf dem Gemüsehobel
oder mit einem scharfen Messer in etwa 2 mm dicke
Scheiben hobeln beziehungsweise schneiden.

3 Süßkartoffelscheiben in der Käse-Mischung wen-
den und nebeneinander auf das Backblech legen

4 Das Blech in den Ofen (Mitte) schieben und die
Chips 2 ½–3 Stunden trocknen lassen. Herausholen
und auf einem Kuchengitter völlig abkühlen lassen.

Foto Seite 66 oben links

Minipizza

1 TL gekörnte Rinder- oder Hühnerbrühe (ohne
Zwiebel, Zusatzstoffe und möglichst salzfrei; aus
dem Reformhaus oder Bioladen) | 160 g Roggen-
mehl (Type 997) | ½ TL Knoblauchpulver | 1 EL Oli-
venöl | 9 TL Tomatenpüree | 2 TL getrocknetes Ore-
gano | nach Belieben 100 g Hähnchen, Pute, Hack-
fleisch (siehe Rezept Seite 104) oder Thunfisch im
eigenen Saft | 50 g kleingeschnittener Mozzarella

Außerdem:
Roggenmehl für die Arbeitsfläche | Ausstecher in
Kreisform (8 cm Durchmesser)

Für ca. 9 Pizzas
⊕ 30 Min. Zubereitung | 25 Min. Backen

1 Den Backofen auf 180° (Umluft 160°) vorheizen.
Brühe in 80 ml kochendem Wasser auflösen. Abkühlen lassen. Mehl und Knoblauchpulver mischen.
Öl zugeben und alles 1 Minute verrühren. Brühe zufügen und weiterrühren, bis sich der Teig vom Schüsselrand löst. 10 Minuten ruhen lassen.

2 Den Teig auf der bemehlten Arbeitsfläche weiterkneten, bis er nicht mehr klebt. 4 mm dick ausrollen
und mit einer Gabel einstechen. Kreise ausstechen
und auf ein Blech mit Backpapier legen.

3 Jeden Kreis mit 1 TL Tomatenpüree bestreichen
und mit Oregano bestreuen. Fleisch oder Thunfisch
daraufgeben. Je 1 TL Mozzarella daraufgeben.

4 Die Pizzen im Ofen (Mitte) 25 Minuten backen
und auf einem Kuchengitter abkühlen lassen.

Foto Seite 66 oben rechts

Süße Äpfelchen

Ihr treuer Freund muss nicht in einen sauren Apfel beißen. Denn in diesen »Äpfelchen« steckt köstliches Apfelmus und herzhafter Käse. Das ist doch die perfekte Belohnung während eines langen Spaziergangs durch raschelndes Herbstlaub, oder?

140 g Weizenvollkornmehl
30 g Reisvollkornmehl (aus dem Reformhaus oder Bioladen)
20 g Weizenkleie
3 EL Apfelmus (ca. 50 g; ungesüßt)
2 EL geriebener Emmentaler
1 Ei (Größe M)
1 EL Honig

Außerdem:
Weizenvollkornmehl für die Arbeitsfläche
Ausstecher in Apfelform

Für 1 Backblech
 15 Min. Zubereitung | 20–25 Min. Backen

> **! Käse oder Nüsse?**
>
> Sie können für diese Kekse statt Emmentaler auch andere Käsesorten verwenden wie zum Beispiel Edamer, Mozzarella oder Parmesan (je 2 EL). Wenn Sie keinen Käse im Kühlschrank finden und die Geschäfte schon geschlossen haben, ersetzen Sie den Käse einfach durch 2 EL Erdnusscreme (ohne Salz und Zucker).

1 Den Backofen auf 180° (Umluft 160°) vorheizen. Ein Backblech mit Backpapier auslegen.

2 In einer großen Schüssel Weizenvollkornmehl, Reisvollkornmehl und Weizenkleie vermischen. Apfelmus, Emmentaler, Ei und Honig dazugeben und alles 4 Minuten mit den Knethaken des Handrührgeräts mischen. Falls der Teig zu trocken ist, 1 EL Wasser zufügen und weitere 2 Minuten rühren, bis sich der Teig vom Schüsselrand löst.

3 Den Teig auf der bemehlten Arbeitsfläche mit den Händen weiterkneten, bis er nicht mehr klebt. Teig etwa 4 mm dick ausrollen und mit einer Gabel mehrmals einstechen. Plätzchen ausstechen und auf das Backblech legen. Die Teigreste wieder zu einer Kugel formen und erneut ausrollen.

4 Kekse im Ofen (Mitte) 20–25 Minuten backen, bis sie leicht gebräunt sind und auf Fingerdruck nicht mehr nachgeben. Aus dem Ofen nehmen und auf einem Kuchengitter völlig abkühlen lassen.

Zucchini-Nuss-Knacker

Zucchini und Haselnüsse als Hundeleckerbissen? Zugegeben, das mag auf den ersten Blick etwas ungewohnt erscheinen. Aber spätestens, wenn Ihr Hund das erste Mal von diesen Blättchen genascht hat, werden Sie vom Gegenteil überzeugt sein.

½ Zucchino (ca. 75 g)
160 g Weizenvollkornmehl
40 g zarte Haferflocken
30 g gemahlene Haselnüsse
1 EL Olivenöl
1 Ei (Größe M)

Außerdem:
Weizenvollkornmehl für die Arbeitsfläche
Ausstecher in Blattform

Für 1 Backblech
⏲ 20 Min. Zubereitung | 25–30 Min. Backen

1 Den Backofen auf 180° (Umluft 160°) vorheizen. Ein Backblech mit Backpapier auslegen. Zucchino putzen, waschen und auf der Gemüsereibe grob raspeln.

2 In einer großen Schüssel Weizenvollkornmehl, Haferflocken und gemahlene Haselnüsse mischen. Zucchiniraspel, Olivenöl und Ei dazugeben und alles 2 Minuten mit den Knethaken des Handrührgeräts mischen. 70 ml Wasser zufügen und weitere 4 Minuten rühren, bis der Teig sich vom Schüsselrand löst.

3 Den Teig auf der bemehlten Arbeitsfläche mit den Händen weiterkneten, bis er nicht mehr klebt. Teig etwa 4 mm dick ausrollen und mit einer Gabel mehrmals einstechen. Plätzchen ausstechen und auf das Backblech legen. Die Teigreste wieder zu einer Kugel formen und erneut ausrollen.

4 Kekse im Ofen (Mitte) 25–30 Minuten backen, bis sie leicht gebräunt sind und auf Fingerdruck nicht mehr nachgeben. Aus dem Ofen nehmen und auf einem Kuchengitter völlig abkühlen lassen.

! Zucchini sind gesund

Wie so viele Gemüsesorten sind auch Zucchini sehr kalorienarm und verfügen darüber hinaus über einen hohen Anteil von Vitamin C, Kalium, Kalzium und Phosphor. Weil auch die Schale reich an Magnesium und Karotinoiden ist, sollten Sie das Gemüse nur gründlich abwaschen, nicht schälen.

Halloween-Cookies

Süßes oder Saures! Die lustigen kleinen Spukgesichter sehen nicht nur aus wie Kürbisse, sondern schmecken auch danach. Mit so einer leckeren Nervennahrung bleibt Ihr Hund auch dann noch cool, wenn die Geisterstunde naht.

1 kleines Stück Kürbis, z. B. Hokkaido- oder Muskatkürbis (ca. 60 g)
150 g Weizenvollkornmehl
70 g zarte Haferflocken
20 g Weizenkleie
20 g gehackte Haselnüsse
1 EL Zuckerrübensirup

Außerdem:
Weizenvollkornmehl für die Arbeitsfläche
Ausstecher in Kürbisform

Für 1 Backblech
 20 Min. Zubereitung | 30 Min. Backen

> **! Kürbis-Küche**
>
> Ich selbst backe diese Kekse immer dann, wenn ich Lust auf Kürbissuppe habe. So kann ich gleich den restlichen Kürbis verwerten. Natürlich können Sie aber auch einfach den ganzen Kürbis reiben und das Fleisch anschließend in 60-Gramm-Portionen einfrieren. So sind Sie fürs nächste Mal gewappnet.

1 Den Backofen auf 180° (Umluft 160°) vorheizen. Ein Backblech mit Backpapier auslegen. Den Kürbis schälen und fein raspeln.

2 In einer großen Schüssel Weizenvollkornmehl, Haferflocken, Weizenkleie und Haselnüsse vermischen. Kürbisraspel und Zuckerrübensirup dazugeben und alles 2 Minuten mit den Knethaken des Handrührgeräts mischen. 150 ml Wasser zufügen und weitere 4 Minuten rühren, bis sich der Teig vom Schüsselrand löst.

3 Den Teig auf der bemehlten Arbeitsfläche mit den Händen weiterkneten, bis er nicht mehr klebt. Teig etwa 4 mm dick ausrollen und mit einer Gabel mehrmals einstechen. Plätzchen ausstechen und auf das Backblech legen. Die Teigreste wieder zu einer Kugel formen und erneut ausrollen.

4 Kekse im Ofen (Mitte) 30 Minuten backen, bis sie leicht gebräunt sind und auf Fingerdruck nicht mehr nachgeben. Auf einem Kuchengitter völlig abkühlen lassen.

Geisterstunde-Häppchen

Jetzt wird's gespenstisch. Diese Geister und Fledermäuse sind gut für die Verdauung, dank der Wirksamkeit des Leinsamens. 1 – 2 – 3 – simsalabim – verzaubern Sie Ihren Hund in einen Gespensterjäger.

1 kleiner Apfel (ca. 100 g)
150 g Dinkelmehl (Type 630)
100 g zarte Haferflocken
1 EL Leinsamen
70 g fettarmer Joghurt

Außerdem:
Dinkelmehl für die Arbeitsfläche
Ausstecher in Gespenster- oder Fledermausform

Für 1 Backblech
 20 Min. Zubereitung | 25–30 Min. Backen

1 Den Backofen auf 180° (Umluft 160°) vorheizen. Ein Backblech mit Backpapier auslegen. Den Apfel schälen, vierteln und vom Kerngehäuse befreien. Das Fruchtfleisch auf der Gemüsereibe fein raspeln.

2 In einer großen Schüssel Dinkelmehl, Haferflocken und Leinsamen vermischen. Apfelraspel und Joghurt dazugeben und alles 3 Minuten mit den Knethaken des Handrührgeräts mischen. Löffelweise bis zu 50 ml Wasser zufügen und weiterrühren, bis sich der Teig vom Schüsselrand löst.

3 Den Teig auf der bemehlten Arbeitsfläche mit den Händen weiterkneten, bis er nicht mehr klebt. Teig etwa 4 mm dick ausrollen und mit einer Gabel mehrmals einstechen. Plätzchen ausstechen und auf das Backblech legen. Die Teigreste wieder zu einer Kugel formen und erneut ausrollen.

4 Die Plätzchen im Ofen (Mitte) 25–30 Minuten backen, bis sie leicht gebräunt sind und auf Fingerdruck nicht mehr nachgeben. Das Blech aus dem Ofen nehmen und die Kekse auf einem Kuchengitter völlig abkühlen lassen.

❗ Abwechslung gefällig?

Ihr Hund ist ganz versessen auf Gespenster? Dann überraschen Sie ihn doch einmal mit neuen Geschmacksvarianten und reiben Sie statt Apfel 100 g Birne, Möhre oder Zucchini in den Teig. Joghurt ist übrigens eine gute Eiweißquelle und wird oft auch von Hunden mit Laktose-Intoleranz vertragen.

Hundehütte

140 g Weizenvollkornmehl | 60 g Roggenmehl (Type 997) | 30 g Weizenkleie | 10 g Hefeflocken | 1 EL Honig | 1 EL Olivenöl | 1 Ei (Größe M)

Außerdem:
Weizenvollkornmehl für die Arbeitsfläche | Ausstecher in Hundehüttenform

Für 1 Backblech
⏲ 15 Min. Zubereitung | 35 Min. Backen

1 Den Backofen auf 180° (Umluft 160°) vorheizen. Ein Backblech mit Backpapier auslegen.

2 Weizenvollkornmehl, Roggenmehl, Weizenkleie und Hefeflocken vermischen. Honig und Olivenöl dazugeben und alles 1 Minute mit den Knethaken des Handrührgeräts mischen. 160 ml Wasser zufügen und weitere 4 Minuten rühren, bis sich der Teig vom Schüsselrand löst.

3 Den Teig auf der bemehlten Arbeitsfläche mit den Händen weiterkneten, bis er nicht mehr klebt. Teig etwa 6 mm dick ausrollen und mit einer Gabel mehrmals einstechen. Plätzchen ausstechen und auf das Backblech legen.

4 In einer kleinen Schüssel das Ei mit 1 EL Wasser verquirlen. Die Plätzchen damit bestreichen.

5 Das Blech in den Ofen (Mitte) schieben und die Plätzchen 35 Minuten backen, bis sie leicht gebräunt sind. Auf einem Kuchengitter völlig abkühlen lassen.

Geburtstagskuchen

1 Möhre (ca. 70 g) | 170 g Weizenmehl (Type 405) | 60 g zarte Haferflocken | 10 g Weizenkleie | 1 EL Magermilchpulver | 1 TL Backpulver | 1 Ei (Größe M) | 1 EL Sonnenblumenöl | 1 EL Zuckerrübensirup

Außerdem:
Minispringform 12 cm Durchmesser | Fett für die Form

Für 1 Backblech
⏲ 15 Min. Zubereitung | 20–25 Min. Backen

1 Den Backofen auf 200° (Umluft 180°) vorheizen. Die Backform leicht einfetten oder den Boden mit Backpapier auslegen. Möhre schälen und auf der Gemüsereibe grob raspeln.

2 In einer großen Schüssel Weizenmehl, Haferflocken, Weizenkleie, Magermilch- und Backpulver vermischen. Möhrenraspel, Ei, Sonnenblumenöl, Zuckerrübensirup und 225 ml Wasser zugeben und alles 3 Minuten mit den Knethaken des Handrührgeräts cremig rühren.

3 Die Springform zu drei Viertel mit Teig füllen und in den Ofen (Mitte) schieben. Den Kuchen 20–25 Minuten backen. Aus dem Ofen nehmen und zunächst 10 Minuten in der Form abkühlen lassen. Dann vorsichtig herauslösen und auf einem Kuchengitter vollständig auskühlen lassen. Mit Frischkäsecreme dekorieren (siehe Seite 50).

Geburtstagskuchen (oben) und Hundehütten (unten).

Lebkuchen

Ich habe Lebkuchen erst kennengelernt, als ich nach Deutschland kam. Seitdem freue ich mich schon im Herbst wie ein Kind auf dieses Gebäck – und kaufe es kiloweise. Weil ich meine Freude mit Cara teilen wollte, entwickelte ich diese Hundelebkuchen.

140 g Weizenvollkornmehl
50 g zarte Haferflocken
40 g gehackte Mandeln
1 EL Carobpulver (aus dem Reformhaus oder Bioladen)
½ TL Zimt
¼ TL geriebene Muskatnuss
1 EL Sonnenblumenöl
1 EL Zuckerrübensirup oder Honig

Für die Verzierung:
1 Ei (Größe M)
2–4 EL ganze, geschälte Mandeln

Außerdem:
Weizenvollkornmehl für die Arbeitsfläche
Rechteckige Ausstecher (6 cm Seitenlänge)

Für 1 Backblech
🕙 20 Min. Zubereitung | 35 Min. Backen

1 Den Backofen auf 180° (Umluft 160°) vorheizen. Ein Backblech mit Backpapier auslegen.

2 In einer großen Schüssel Weizenvollkornmehl, Haferflocken, gehackte Mandeln, Carobpulver, Zimt und Muskatnuss vermischen. Sonnenblumenöl und Zuckerrübensirup dazugeben und alles 2 Minuten mit den Knethaken des Handrührgeräts mischen.

130 ml Wasser zugeben und weitere 4 Minuten rühren, bis sich der Teig vom Schüsselrand löst.

3 Den Teig auf der bemehlten Arbeitsfläche mit den Händen weiterkneten, bis er nicht mehr klebt. Teig etwa 4 mm dick ausrollen und mit einer Gabel mehrmals einstechen. Plätzchen ausstechen und auf das Backblech legen. Die Teigreste wieder zu einer Kugel formen und erneut ausrollen.

4 In einer kleinen Schüssel das Ei mit 1 EL Wasser verquirlen. Die Plätzchen damit bestreichen und mit den geschälten Mandeln verzieren.

5 Das Blech in den Ofen (Mitte) schieben und die Kekse 35 Minuten backen, bis sie leicht gebräunt sind und auf Fingerdruck nicht mehr nachgeben. Auf einem Kuchengitter völlig abkühlen lassen.

Schneeflöckchen-Kekse

Wenn es draußen immer kälter wird, ist es an der Zeit, Schneeflöckchen zu backen. Dieses Gebäck wird garantiert nicht auf der (Hunde-)Nase schmelzen, sondern Ihrem vierbeinigen Freund auf der Zunge zergehen.

½ Banane (ca. 50 g)
150 g Weizenmehl (Type 405)
50 g zarte Haferflocken
30 g gehackte Haselnüsse
20 g Kokosraspel
½ TL Backpulver

Außerdem:
Weizenmehl für die Arbeitsfläche
Ausstecher in Schneeflockenform

Für 1 Backblech
 15 Min. Zubereitung | 20–25 Min. Backen

> ❗ **Tropic-Aroma**
>
> Für noch mehr Kokosgeschmack verquirlen Sie in einem Schüsselchen 1 Ei (Größe M) mit 1 EL Wasser. Die ausgestochenen Plätzchen damit bepinseln und mit Kokosraspeln oder ungesüßten Kokos-Chips bestreuen. Dann wie im Rezept beschrieben fertig backen und auskühlen lassen.

1 Den Backofen auf 180° (Umluft 160°) vorheizen. Ein Backblech mit Backpapier auslegen. Die Banane schälen und das Fruchtfleisch mit einer Gabel fein zerdrücken.

2 In einer Schüssel Weizenmehl, Haferflocken, Haselnüsse, Kokosraspel und Backpulver vermischen. Bananenpüree dazugeben und 1 Minute mit den Knethaken des Handrührgeräts mischen. 90 ml Wasser zufügen und 4 Minuten weiterrühren, bis sich der Teig vom Schüsselrand löst.

3 Den Teig auf der bemehlten Arbeitsfläche mit den Händen weiterkneten, bis er nicht mehr klebt. Teig etwa 5 mm dick ausrollen und mit einer Gabel mehrmals einstechen. Plätzchen ausstechen und auf das Backblech legen. Die Teigreste wieder zu einer Kugel formen und erneut ausrollen.

4 Die Plätzchen im Ofen (Mitte) 20–25 Minuten backen, bis sie leicht gebräunt sind und auf Fingerdruck nicht mehr nachgeben. Das Blech aus dem Ofen nehmen und die Kekse auf einem Kuchengitter völlig abkühlen lassen.

Puppy-Dog-Tails

Diese Kekse sind die Vorgänger von »Jeffo's Mandelschnecken«. Zuerst dachte ich, sie wären mir misslungen, weil sie sich immer wieder ausrollten. Aber Lilly, die beste Freundin meiner Hündin, belehrte mich eines Besseren.

150 g Weizenvollkornmehl
50 g gehackte Mandeln
1 TL Backpulver
1 Ei (Größe M)
1 EL Zuckerrübensirup
1 EL Carobpulver (aus dem Reformhaus oder Bioladen)

Außerdem:
Weizenvollkornmehl für die Arbeitsfläche

Für 1 Backblech
 50 Min. Zubereitung | 20–25 Min. Backen

1 In einer großen Schüssel Weizenvollkornmehl, gehackte Mandeln und Backpulver vermengen. Ei und Zuckerrübensirup zugeben; 1 Minute mit den Knethaken des Handrührgeräts mischen. 40 ml Wasser zufügen und weitere 4 Minuten rühren, bis sich der Teig vom Schüsselrand löst.

2 Den Teig auf der bemehlten Arbeitsfläche mit den Händen weiterkneten, bis er nicht mehr klebt. Zu einer etwa 4 mm dicken, 12 cm breiten Platte ausrollen und mit Carobpulver bestreuen. Die Teigplatte mit beiden Händen von der langen Seite her aufrollen. Die Rolle in Frischhaltefolie wickeln und 30 Minuten im Kühlschrank ruhen lassen. Währenddessen den Backofen auf 180° (Umluft 160°) vorheizen. Ein Backblech mit Backpapier auslegen.

3 Den Teig wieder aus dem Kühlschrank nehmen und aus der Folie wickeln. Die Rolle in 1 cm breite Scheiben schneiden und diese auf das Backblech legen. Dabei fallen die Scheiben etwas auseinander; das muss so sein, damit der Keks später die gewünschte Form hat.

4 Das Blech in den Ofen (Mitte) schieben und die Kekse 20–25 Minuten backen, bis sie leicht gebräunt sind und auf Fingerdruck nicht mehr nachgeben. Das Blech aus dem Ofen nehmen und die Puppy-Dog-Tails auf einem Kuchengitter völlig austrocknen lassen.

> **! Wie kam es zu diesem Namen?**
>
> Ganz einfach: Es machte Lilly irrsinnigen Spaß, diese Cookies durch die Luft zu werfen und dann hinter ihnen herzujagen. Sie erinnerte mich dabei an einen Welpen, der sich ständig im Kreis dreht, um seinen eigenen Schwanz zu fassen. Und so ist eben der Name entstanden.

Big Bones

Hunde lieben Knochen in jedweder Form. Auch diese knusprigen Riesenkekse wird ihr treuer Freund sicher nicht verschmähen. Erst recht nicht, wenn jede einzelne dieser Köstlichkeiten seinen Namen trägt.

30 g Walnusshälften
120 g Weizenvollkornmehl
60 g Dinkelmehl (Type 630)
20 g Weizenkleie
1 EL Carobpulver (aus dem Reformhaus oder Bioladen)
1 Ei (Größe M)
1 EL Sonnenblumenöl
1 EL Honig

Außerdem:
Weizenvollkornmehl für die Arbeitsfläche
Ausstecher in Form eines großen Knochens

Für 1 Backblech
 20 Min. Zubereitung | 30–35 Min. Backen

❗ Schnell gestempelt

Damit es nicht zu Verwechslungen kommt, können Sie vor dem Backen mit einem Prägestempel den Namen Ihres Hundes auf die Kekse drücken. Auch eine gute Geschenkidee! Ganz wichtig: Ersetzen Sie das Carobpulver auf keinen Fall durch normalen Kakao (siehe Seite 28).

---

1 Den Backofen auf 180° (Umluft 160°) vorheizen. Ein Backblech mit Backpapier auslegen. Walnusshälften mit einem großen scharfen Messer grob hacken.

2 In einer großen Schüssel Weizenvollkornmehl, Dinkelmehl, Walnüsse, Weizenkleie und Carobpulver vermischen. Ei, Sonnenblumenöl und Honig dazugeben und alles 2 Minuten mit den Knethaken des Handrührgeräts mischen. 80 ml Wasser zugeben und weitere 4 Minuten rühren, bis sich der Teig vom Schüsselrand löst.

3 Den Teig auf der bemehlten Arbeitsfläche mit den Händen weiterkneten, bis er nicht mehr klebt. Teig etwa 5 mm dick ausrollen und mit einer Gabel mehrmals einstechen. Plätzchen ausstechen und auf das Backblech legen. Die Teigreste wieder zu einer Kugel formen und erneut ausrollen.

4 Die Kekse im Ofen (Mitte) 30–35 Minuten backen, bis sie leicht gebräunt sind und auf Fingerdruck nicht mehr nachgeben. Auf einem Kuchengitter völlig abkühlen lassen.

Gefüllte Linzer Kekse

1 TL gekörnte Rinder- oder Hühnerbrühe (ohne Zwiebel und Salz; aus dem Reformhaus oder Bioladen) | 170 g Weizenmehl (Type 405) | 50 g zarte Haferflocken | 10 g Hefeflocken | 1 Ei (Größe M) | 1 EL Sonnenblumenöl | 12 TL Erdnusscreme, feine Leberwurst oder Frischkäse für die Füllung

Außerdem:
Mehl für die Arbeitsfläche | Linzer-Ausstecher

Für 1 Backblech
🕐 20 Min. Zubereitung | 15–20 Min. Backen

1 Den Ofen auf 180° (Umluft 160°) vorheizen. Ein Blech mit Backpapier auslegen. Brühe in 100 ml kochendem Wasser auflösen. Abkühlen lassen.

2 Mehl, Hafer- und Hefeflocken vermengen. Ei und Sonnenblumenöl dazugeben und alles 1 Minute mit dem Handrührgerät kneten. Die Brühe löffelweise zufügen und 4 Minuten weiterrühren, bis sich der Teig vom Schüsselrand löst.

3 Den Teig auf der bemehlten Arbeitsfläche mit den Händen weiterkneten, bis er nicht mehr klebt. Etwa 4 mm dick ausrollen und mit einer Gabel mehrmals einstechen. Aus der einen Teighälfte mit der Linzerform ohne Einsatz runde Plätzchen ausstechen. Den restlichen Teig mit Einsatz ausstechen.

4 Die Kekse im Ofen (Mitte) 15–20 Minuten golden backen. Auf dem Kuchengitter abkühlen lassen und erst kurz vor dem Servieren zusammensetzen. Dazu 1 TL Füllung auf den runden Keks verstreichen. Das zweite Plätzchen auflegen.

Weihnachtsmischung

250 g Weizenvollkornmehl | 100 g zarte Hafer-
flocken | ½ TL Zimt | 150 g Apfelmus (ungesüßt) |
1 Ei (Größe M) | 1 EL Honig | 1 EL Sonnenblumenöl

Außerdem:
Mehl für die Arbeitsfläche | Weihnachtsausstecher

Für 1 Backblech
⏱ 15 Min. Zubereitung | 20–30 Min. Backen

1 Den Backofen auf 180° (Umluft 160°) vorheizen.
Ein Backblech mit Backpapier auslegen.

2 Mehl, Haferflocken und Zimt vermengen. Die
restlichen Zutaten zugeben und alles 3 Minuten mit
dem Handrührgerät mischen. Eventuell löffelweise
Wasser zufügen und weiterrühren, bis sich der Teig
vom Schüsselrand löst.

3 Den Teig auf der bemehlten Arbeitsfläche mit
den Händen weiterkneten, bis er nicht mehr klebt.
Etwa 4 mm dick ausrollen und mit einer Gabel
mehrmals einstechen. Plätzchen ausstechen
und auf das Backblech legen.

4 Das Blech in den Ofen (Mitte) schieben
und die Kekse 20–30 Minuten backen, bis sie
leicht gebräunt sind und auf Fingerdruck nicht
mehr nachgeben. Auf einem Kuchengitter abkühlen lassen.

Gefüllte Linzer Kekse (Bild oben) und die bunte
Weihnachtsmischung (unten) versüßen die Zeit
bis zum Heiligen Abend.

Rezepte für
sensible Hunde

Ihr Hund verträgt keinen Weizen oder anderes glutenhaltiges Getreide? Das ist noch lange kein Grund, den Kopf hängen zu lassen. Ich habe nämlich mit vielen verschiedenen Mehlen herumprobiert und schließlich ein paar tolle Rezepte entwickelt, die auch Hunde mit einer Unverträglichkeit genießen können. Weil diese Kekse viele verschiedene Zutaten enthalten, kommt trotz eines empfindlichen Magens garantiert keine Langeweile auf – von wegen Schonkost.

Dinkel-Frischkäse-Cookies

Kerniger Dinkel und cremiger Hüttenkäse verleihen diesem Keks sein unvergessliches Alpenaroma. Es würde mich nicht wundern, wenn diese milden Kekse ab sofort die Favoriten Ihres Hundes würden.

150 g Dinkelmehl (Type 630)
100 g zarte Haferflocken
½ TL getrocknetes Basilikum
½ TL Knoblauchpulver
100 g körniger Frischkäse
2 EL passierte Tomaten

Außerdem:
Dinkelmehl für die Arbeitsfläche
Ausstecher in Hundeform

Für 1 Backblech
 20 Min. Zubereitung | 25–30 Min. Backen

> **❗ Mal herzhaft, mal süß**
>
> Dieses herzhafte Rezept lässt sich im Handumdrehen in einen süßen Keks abändern. Dazu mischen Sie anstatt Basilikum, Knoblauchpulver und passierten Tomaten einfach 2 EL ungesüßtes Apfelmus in den Teig. Probieren Sie doch einfach mal aus, welche Variante Ihrem Hund besser schmeckt.

1 Den Backofen auf 180° (Umluft 160°) vorheizen. Ein Backblech mit Backpapier auslegen.

2 In einer großen Schüssel Dinkelmehl, Haferflocken, getrocknetes Basilikum und Knoblauchpulver vermischen. Körnigen Frischkäse und passierte Tomaten dazugeben und alles 1 Minute mit den Knethaken des Handrührgeräts mischen. 50 ml Wasser zufügen und weitere 4 Minuten rühren, bis sich der Teig vom Schüsselrand löst.

3 Den Teig auf der bemehlten Arbeitsfläche mit den Händen weiterkneten, bis er nicht mehr klebt. Teig etwa 6 mm dick ausrollen und mit einer Gabel mehrmals einstechen. Plätzchen ausstechen und auf das Backblech legen. Die Teigreste wieder zu einer Kugel formen und erneut ausrollen.

4 Die Kekse im Ofen (Mitte) in 25–30 Minuten backen, bis sie leicht gebräunt sind und auf Fingerdruck nicht mehr nachgeben. Das Blech aus dem Ofen nehmen und die Kekse auf einem Kuchengitter völlig abkühlen lassen.

Dinkel-Erdnuss-Kekse

Auch sensible Hundemägen wollen ab und an verwöhnt werden. Was bietet sich dazu besser an als selbst gebackene Kekse ohne Weizen oder andere unverträgliche Zutaten. Und wenn es dann auch noch so gut schmeckt …

150 g Dinkelmehl (Type 630)
50 g zarte Haferflocken
10 g Hefeflocken
3 EL Erdnusscreme (ca. 50 g; ohne Salz und Zucker)
1 Ei (Größe M)

Außerdem:
Dinkelmehl für die Arbeitsfläche
Ausstecher in Handform, kleiner Herzausstecher

Für 1 Backblech
 20 Min. Zubereitung | 20 Min. Backen

1 Den Backofen auf 180° (Umluft 160°) vorheizen. Ein Backblech mit Backpapier auslegen.

2 In einer großen Schüssel Dinkelmehl, Hafer- und Hefeflocken vermischen. Erdnusscreme und Ei dazugeben und alles 2 Minuten mit den Knethaken des Handrührgeräts mischen. 90 ml Wasser zugeben und weitere 4 Minuten rühren, bis sich der Teig vom Schüsselrand löst.

3 Den Teig auf der bemehlten Arbeitsfläche mit den Händen weiterkneten, bis er nicht mehr klebt. Teig etwa 4 mm dick ausrollen und mit einer Gabel mehrmals einstechen. Handförmige Plätzchen ausstechen und auf das Backblech legen. Die Teigreste wieder zu einer Kugel formen und erneut ausrollen.

4 Aus den Händen kleine Herzen ausstechen und diese ebenfalls auf das Blech legen oder wie Teigreste weiterverarbeiten (zusammenkneten und erneut ausrollen).

5 Die Kekse im Ofen (Mitte) 20 Minuten backen, bis sie leicht gebräunt sind und auf Fingerdruck nicht mehr nachgeben. Auf einem Kuchengitter völlig abkühlen lassen.

! Wertvolles Naturprodukt

Bei reiner Erdnusscreme kann sich das Erdnussöl schon nach kurzer Zeit von der festen Creme abtrennen. Dies bedeutet keinesfalls, dass etwas mit der Qualität nicht stimmt. Rühren Sie die Creme vor dem Gebrauch einfach kräftig mit einem Löffel oder mit dem Messer um.

Knusprige Entlein

Was haben Roggen, Dinkel und Mozzarella mit Enten zu tun? Eigentlich gar nichts.
Aber dieser niedlichen Form konnten weder ich noch meine Hündin Cara widerstehen.
Und weizenfrei sind sie obendrein.

100 g Roggenmehl (Type 997)
60 g Dinkelmehl (Type 630)
40 g Haferkleie
80 g geriebener Mozzarella
1 Ei (Größe M)
1 EL Olivenöl

Außerdem:
Dinkelmehl für die Arbeitsfläche
Ausstecher in Entenform

Für 1 Backblech
 20 Min. Zubereitung | 20–25 Min. Backen

> **! Roggen-»Ersatz«**
>
> Falls Sie kein Roggenmehl im Haus haben, können
> Sie für diese Knusperkekse auch sehr gut Dinkel-
> mehl (Type 630) oder Dinkelvollkornmehl verwen-
> den. Beide haben eine ähnliche Backeigenschaft
> wie Roggen, und das Rezept bleibt trotzdem weizen-
> frei. Das schont den empfindlichen Hundemagen.

1 Den Backofen auf 180° (Umluft 160°) vorheizen.
Ein Backblech mit Backpapier auslegen.

2 In einer großen Schüssel Roggenmehl, Dinkelmehl und Haferkleie vermischen. Mozzarella, Ei
und Olivenöl dazugeben und alles 2 Minuten mit
den Knethaken des Handrührgeräts mischen. 75 ml
Wasser zugeben und weitere 4 Minuten rühren, bis
sich der Teig vom Schüsselrand löst.

3 Den Teig auf der bemehlten Arbeitsfläche mit
den Händen weiterkneten, bis er nicht mehr klebt.
Teig etwa 5 mm dick ausrollen und mit einer Gabel
mehrmals einstechen. Plätzchen ausstechen und
auf das Backblech legen. Die Teigreste wieder zu
einer Kugel formen und erneut ausrollen.

4 Das Blech in den Ofen (Mitte) schieben und
die Kekse 20–25 Minuten backen, bis sie leicht gebräunt sind und auf Fingerdruck nicht mehr nachgeben. Auf einem Kuchengitter abkühlen lassen.

Reistaler

Diese Taler gehören nicht in die Spardose, sondern werden gleich »ausgegeben«: Denn sie sind zwar glutenfrei, schmecken aber unerhört gut. Der Teig für sensible Genießer besteht aus Reis- und Sojamehl und wird mit Sonnenblumenkernen und Honig verfeinert.

50 g Sonnenblumenkerne
100 g Reisvollkornmehl (aus dem Reformhaus oder Bioladen)
100 g Sojamehl (aus dem Reformhaus oder Bioladen)
1 Ei (Größe M)
1 EL Olivenöl
1 EL Honig

Außerdem:
Reisvollkornmehl für die Arbeitsfläche
Ausstecher in Kreisform, ca. 3 cm Durchmesser

Für 1 Backblech
 20 Min. Zubereitung | 20 Min. Backen

❗ Leicht dosiert

Messen Sie zuerst das Olivenöl ab und geben Sie dann mit dem gleichen Teelöffel den Honig zum Teig. Auf diese Weise läuft er leichter vom Löffel. Sie können diese Methode übrigens genauso gut auch bei anderen klebrigen Zutaten anwenden, zum Beispiel bei Zuckerrübensirup.

---

1 Den Backofen auf 180° (Umluft 160°) vorheizen. Ein Backblech mit Backpapier auslegen. Sonnenblumenkerne mit einem großen scharfen Messer grob hacken.

2 In einer großen Schüssel Reisvollkornmehl, Sojamehl und gehackte Sonnenblumenkerne vermischen. Ei, Olivenöl und Honig zugeben und alles 2 Minuten mit den Knethaken des Handrührgeräts mischen. 100 ml Wasser zufügen und weitere 4 Minuten rühren, bis sich der Teig vom Schüsselrand löst.

3 Den Teig auf der bemehlten Arbeitsfläche mit den Händen weiterkneten, bis er nicht mehr klebt. Teig etwa 6 mm dick ausrollen und mit einer Gabel mehrmals einstechen. Plätzchen ausstechen und auf das Backblech legen. Die Teigreste wieder zu einer Kugel formen und erneut ausrollen.

4 Das Blech in den Ofen (Mitte) schieben und die Plätzchen 20 Minuten backen, bis sie leicht gebräunt sind und auf Fingerdruck nicht mehr nachgeben. Das Blech aus dem Ofen nehmen und die Kekse auf einem Kuchengitter abkühlen lassen.

Hirsenocken

Diese glutenfreien Klößchen gelingen immer. Lassen Sie sich nicht von den ungewöhnlichen Zutaten irritieren: Hirse ist leicht verdaulich und liefert viele wichtige Spurenelemente. Amarant hat einen hohen Anteil an ungesättigten Fettsäuren.

110 g Hirseflocken
100 g Hirsemehl (aus dem Reformhaus oder Bioladen)
80 g Amarant (aus dem Reformhaus oder Bioladen)
1 EL Magermilchpulver
5 EL Apfelmus (ca. 80 g; ungesüßt)
1 Ei (Größe M)

Für 1 Backblech
 15 Min. Zubereitung | 20 Min. Backen

> **!** **Variante mit Sesam**
>
> Um den Hirsenocken einen neuen Pfiff zu verleihen, mischen Sie 1 EL Sesamsamen unter den Teig. Wird dieser dadurch zu trocken und lässt sich nicht mehr mit einem feuchten Löffel zu Nocken formen, geben Sie 1 EL Apfelmus (ohne Zucker) hinzu und mischen den Teig 1 weitere Minute mit dem Handrührgerät.

1 Den Backofen auf 180° (Umluft 160°) vorheizen. Ein Backblech mit Backpapier auslegen.

2 In einer großen Schüssel Hirseflocken, Hirsemehl, Amarant und Magermilchpulver vermischen. Apfelmus und Ei dazugeben und alles 3 Minuten mit den Knethaken des Handrührgeräts mischen.

3 Mit einem feuchten Esslöffel Nocken aus dem Teig stechen und auf das Backblech legen. Den Löffel dabei zwischendurch immer wieder in heißes Wasser tauchen.

4 Die Nocken im Ofen (Mitte) 20 Minuten backen, bis sie leicht gebräunt sind. Herausnehmen und auf einem Kuchengitter völlig abkühlen lassen.

Reismehl-Muffins

Auch wenn Ihr Hund glutenhaltige Knabbereien nicht gut verträgt, muss er noch lange nicht auf kulinarische Extras verzichten. Diese Muffins sind 100-prozentig glutenfrei und ebenso lecker. Probieren Sie selbst! Aber lassen Sie sich nicht von Ihrem Hund erwischen.

1 kleine Banane (ca. 60 g)
100 g Reisvollkornmehl (aus dem Reformhaus oder Bioladen)
40 g Sojamehl
30 g gehackte Mandeln
20 g Carobpulver (aus dem Reformhaus oder Bioladen; nicht durch Kakao ersetzen)
1 ½ TL Weinsteinbackpulver oder weizenfreies Backpulver
50 g fettarmer Naturjoghurt
1 Ei (Größe M)
1 EL Sonnenblumenöl

Außerdem:
Muffinform
Öl für die Form oder Backförmchen aus Papier

Für 6 Muffins
 10 Min. Zubereitung | 20–25 Min. Backen

1 Den Backofen auf 200° (Umluft 180°) vorheizen. Die Muffinform mit Speiseöl leicht einpinseln oder mit Papierförmchen auslegen. Banane schälen und das Fruchtfleisch mit einer Gabel pürieren.

2 In einer großen Schüssel Reisvollkornmehl, Sojamehl, gehackte Mandeln, Carob und Weinstein- beziehungsweise Backpulver vermischen. Bananenpüree, Joghurt, Ei, Sonnenblumenöl und 175 ml Wasser zufügen und nur so lange mit den Knethaken des Handrührgeräts kurz rühren, bis die trockenen Zutaten gerade feucht sind.

3 Die Vertiefungen der Muffinform oder einzelne Papierförmchen zu drei Viertel mit Teig füllen.

4 Die Form in den Ofen (Mitte) stellen und die Muffins 20–25 Minuten backen. Das Blech herausnehmen und die Muffins erst 10 Minuten in der Form, dann auf einem Kuchengitter vollständig abkühlen lassen.

! »Weizenfalle« Backpulver

Wenn Sie möchten, dass Ihre selbst gebackenen Reismehl-Muffins 100-prozentig glutenfrei sind, müssen Sie Backpulver ohne Weizenstärke verwenden. Achten Sie zum Beispiel auf die Angabe »Maisstärke« auf dem Etikett. Auch Weinsteinbackpulver ist ein glutenfreies Backpulver.

Für Fleischliebhaber

Gibt es eigentlich überhaupt einen Hund, der kein Fleisch mag? Ich glaube nicht. Und deshalb sind diese deftigen Fleisch-Cookies für unsere Vierbeiner einfach das Allerhöchste. Damit es Sie keine Überwindung kostet, diese besonderen Kekse zu backen, wird das Fleisch vorher gegart oder gebraten. Und dann geht es weiter wie gewohnt: Zutaten mischen, Teig kneten, ausrollen, ausstechen, backen – guten Appetit.

Grundkurs Fleisch

Wenn Sie Fleisch als Backzutat verwenden wollen, müssen Sie es vorher garen. Doch keine Angst, das geht ganz schnell. Und am besten bereiten Sie gleich eine größere Menge zu und frieren sie portionsweise ein – für die nächste Backparty.

Hackfleisch

1 EL Olivenöl | 250 g Rinderhackfleisch

Für 5 Portionen
 30 Min. Zubereitung

1 Olivenöl in einer großen beschichteten Pfanne erhitzen und das Hackfleisch darin bei mittlerer Hitze krümelig braten. Dabei immer wieder mit einem Kochlöffel oder Pfannenwender umrühren. Das Hackfleisch so lange braten, bis es braun und die Flüssigkeit komplett verdampft ist.

2 Ist das Fleisch gar und gut gebräunt, die Flüssigkeit aber noch nicht ganz verdunstet, halten Sie die Pfanne schräg und drücken das Fleisch mit dem Pfannenwender fest auf den Pfannenboden. Den austretenden Saft mit einem Löffel abschöpfen.

3 Das Hackfleisch abkühlen lassen. Entweder gleich damit weiterbacken oder es in 50-Gramm-Portionen verpacken und einfrieren.

! Richtig auftauen

Gefrorenes Fleisch oder Leber müssen Sie erst wieder vollständig auftauen, ehe Sie es verwenden können – am besten über Nacht im Kühlschrank. Wenn Sie es eilig haben, können Sie das Fleisch auch 3–4 Minuten bei niedrigster Wattzahl (Auftaustufe) in der Mikrowelle auftauen.

Hähnchen und Pute

250 g Hähnchen- oder Putenfleisch
1 TL gekörnte Gemüsebrühe (ohne Zwiebel, Zusatzstoffe und möglichst salzfrei; aus dem Reformhaus oder Bioladen)

Für 5 Portionen
 40 Min. Zubereitung

1 Hähnchen- oder Putenfleisch in einem Topf vollständig mit kaltem Wasser bedecken. Die gekörnte Brühe dazugeben.

2 Das Wasser einmal aufkochen lassen. Dann die Temperatur herunterschalten und das Fleisch 15–20 Minuten im köchelnden Wasser garen.

Mit einem scharfen Messer ins Fleisch schneiden: Wenn es innen nicht mehr rosig ist, ist es fertig.

3 Das Fleisch aus dem Topf heben und auf einem Teller abkühlen lassen. Fein hacken und anschließend entweder gleich damit weiterbacken oder in 50-Gramm-Portionen verpacken und einfrieren.

Leber
250 g Kalbs- oder Rinderleber

Für 5 Portionen
🕐 40 Min. Zubereitung

1 Zunächst die dünne Haut von der Leber abziehen. Die Leber anschließend in einen Topf legen, vollständig mit kaltem Wasser bedecken.

2 Das Wasser einmal aufkochen lassen. Dann die Temperatur herunterschalten und die Leber ca. 15 Minuten im köchelnden Wasser garen. Mit einem scharfen Messer in die Leber schneiden: Wenn sie nicht mehr blutig ist, ist sie fertig.

3 Die Leber aus dem Topf heben und unter fließend kaltem Wasser abwaschen. Mit Küchenkrepp trocken tupfen. Auf einem Teller abkühlen lassen.

4 Die Leber fein hacken und entweder gleich damit weiterbacken oder sie in 50-Gramm-Portionen verpacken und einfrieren.

Haben Sie auch kleine Gourmets zu Hause? Dann können Sie mit den fleischigen Cookies sicher bei ihnen punkten.

Kuh-Kekse

Rinderhack und Emmentaler, abgerundet mit einer feinen Prise Petersilie, so kommen diese Keks-Kühe daher – quasi frisch vom Bauernhof direkt in den Napf. Da kommt mit Sicherheit tierische Ferienstimmung auf.

140 g Weizenvollkornmehl
60 g zarte Haferflocken
1 EL getrocknete Petersilie
50 g Rinderhackfleisch, fertig gekocht
(siehe Rezept Seite 104)
40 g geriebener Emmentaler
2 EL passierte Tomaten
1 Ei (Größe M)

Außerdem:
Weizenvollkornmehl für die Arbeitsfläche
Ausstecher in Kuhform

Für 1 Backblech
 20 Min. Zubereitung (ohne Fleisch braten) |
25–30 Min. Backen

! Gesunde Petersilie

Petersilie ist nicht nur ein schmackhaftes Kuchen-gewürz, sondern auch reich an Vitamin A, B, C so-wie den Mineralstoffen Kalzium, Eisen und Magne-sium. Anstelle der getrockneten Kräuter können Sie natürlich auch frische, fein gehackte Blättchen in den Teig kneten.

1 Den Backofen auf 180° (Umluft 160°) vorheizen. Ein Backblech mit Backpapier auslegen.

2 In einer großen Schüssel Weizenvollkornmehl, Haferflocken und getrocknete Petersilie mischen. Hackfleisch, geriebenen Emmentaler, passierte Tomaten und Ei dazugeben und alles 2 Minuten mit den Knethaken des Handrührgeräts mischen. 80 ml Wasser zufügen und weitere 4 Minuten rühren, bis sich der Teig vom Schüsselrand löst.

3 Den Teig auf der bemehlten Arbeitsfläche mit den Händen weiterkneten, bis er nicht mehr klebt. Teig etwa 5 mm dick ausrollen und mit einer Gabel mehrmals einstechen. Plätzchen ausstechen und auf das Backblech legen. Die Teigreste wieder zu einer Kugel formen und erneut ausrollen.

4 Kekse im Ofen (Mitte) 25–30 Minuten backen, bis sie leicht gebräunt sind und auf Fingerdruck nicht mehr nachgeben. Aus dem Ofen nehmen und auf einem Kuchengitter völlig abkühlen lassen.

Wildwest-Cookies

Stecken Sie sich eine Handvoll dieser Kekse in die Tasche, schnappen Sie sich Ihren Vierbeiner – und dann nichts wie raus in die freie Natur. Herzhaftes Rinderhack und saftige Möhren sorgen zwischendurch für wahres Wildwest-Feeling. Yippieh-Yahyeh!

1 kleine Möhre (ca. 50 g)
160 g Dinkelmehl (Type 630)
50 g zarte Haferflocken
50 g Rinderhackfleisch, fertig gekocht
(siehe Rezept Seite 104)
1 Ei (Größe M)

Außerdem:
Dinkelmehl für die Arbeitsfläche
Ausstecher in Cowboyhut- und Stiefelform

Für 1 Backblech
 20 Min. Zubereitung (ohne Fleisch braten) |
30–35 Min. Backen

1 Den Backofen auf 180° (Umluft 160°) vorheizen. Ein Backblech mit Backpapier auslegen. Die Möhre schälen und fein raspeln.

2 In einer großen Schüssel Dinkelmehl und Haferflocken vermischen. Möhrenraspel, Hackfleisch und Ei dazugeben und alles 2 Minuten mit den Knethaken des Handrührgeräts mischen. 70 ml Wasser zufügen und weitere 4 Minuten rühren, bis sich der Teig vom Schüsselrand löst.

3 Den Teig auf der bemehlten Arbeitsfläche mit den Händen weiterkneten, bis er nicht mehr klebt. Teig etwa 6 mm dick ausrollen und mit einer Gabel mehrmals einstechen. Plätzchen ausstechen und auf das Backblech legen. Die Teigreste wieder zu einer Kugel formen und erneut ausrollen.

4 Das Blech in den Ofen (Mitte) schieben und die Kekse 30–35 Minuten backen, bis sie leicht gebräunt sind und auf Fingerdruck nicht mehr nachgeben. Die Wildwest-Cookies auf einem Kuchengitter völlig abkühlen lassen.

> **! Barbecue-Sauce**
>
> Dazu passt eine leckere Barbecue-Sauce, die Sie im Handumdrehen aus 3 EL Tomatenpüree, 1 TL Honig, ½ TL Oregano und 1 EL Wasser zaubern. Die Zutaten in einer kleinen Schüssel mit der Gabel vermischen, die ungebackenen Kekse damit bepinseln – und ab damit in den Ofen.

Hähnchen-Häppchen

Was war zuerst da: Henne oder Ei? Egal, denn in diesem Keks steckt von beidem das Beste. Wetten, Ihr Hund ist derselben Meinung?

1 TL gekörnte Hühnerbrühe (ohne Zwiebel und Zusatzstoffe sowie möglichst salzfrei; aus dem Reformhaus oder Bioladen)

120 g Hirsemehl (aus dem Reformhaus oder Bioladen)

70 g Reisvollkornmehl (aus dem Reformhaus oder Bioladen)

30 g Hirseflocken

1 TL getrocknete Petersilie

50 g Hähnchenfleisch, fertig gekocht und fein gehackt (Rezept siehe Seite 104)

1 Ei (Größe M)

1 EL Olivenöl

Außerdem:
Reisvollkornmehl für die Arbeitsfläche
Ausstecher in Hähnchenform

Für 1 Backblech
 25 Min. Zubereitung (ohne Fleisch garen)
20–25 Min. Backen

1 Den Backofen auf 180° (Umluft 160°) vorheizen. Ein Backblech mit Backpapier auslegen. Die gekörnte Hühnerbrühe in 80 ml kochendem Wasser auflösen. Abkühlen lassen.

2 Währenddessen in einer großen Schüssel Hirsemehl, Reisvollkornmehl, Hirseflocken und getrocknete Petersilie vermischen. Gehacktes Hähnchen,

Ei und Olivenöl zugeben und alles 2 Minuten mit den Knethaken des Handrührgeräts mischen. Die Brühe hinzufügen und weitere 4 Minuten rühren, bis sich der Teig vom Schüsselrand löst.

3 Den Teig auf der bemehlten Arbeitsfläche mit den Händen weiterkneten, bis er nicht mehr klebt. Teig etwa 6 mm dick ausrollen und mit einer Gabel mehrmals einstechen. Plätzchen ausstechen und auf das Backblech legen. Die Teigreste wieder zu einer Kugel formen und erneut ausrollen.

4 Das Blech in den Ofen (Mitte) schieben und die Kekse 20–25 Minuten backen, bis sie leicht gebräunt sind und auf Fingerdruck nicht mehr nachgeben. Die Hähnchen-Häppchen auf einem Kuchengitter völlig abkühlen lassen.

> **! Nussige Deko**
>
> Sie wollen Ihre Häppchen noch verzieren? Dann verquirlen Sie 1 Ei mit 1 TL Wasser und streichen Sie die Mischung mit einem Backpinsel auf die ungebackenen Kekse. Verteilen Sie Kürbiskerne oder geschälte Mandeln darauf, drücken Sie sie leicht an – und dann geht es ab in den Ofen.

Thanksgiving-Cookies

Wenn Amerika Thanksgiving Day feiert, serviert man traditionell einen riesigen Truthahn und schlemmt, bis man nicht mehr »papp« sagen kann. Auch meine Hündin Cara liebt diese Tradition, und der Höhepunkt des Tages sind für sie die Thanksgiving-Cookies.

150 g Weizenvollkornmehl
1 TL gehackte Petersilie
½ TL Backpulver
50 g Putenfleisch, gekocht und fein gehackt
(Rezept siehe Seite 104)
1 EL Olivenöl

Außerdem:
Weizenvollkornmehl für die
Arbeitsfläche
Ausstecher in Herzform

Für 1 Backblech
 20 Min. Zubereitung (ohne Fleisch garen) |
25–30 Min. Backen

> **! Das passt dazu**
>
> Zu einem originalen Thanksgiving-Menü gehören neben dem Truthahn auch Berge von Süßkartoffeln und Kürbis. Warum sollte Ihr Hund es nicht genauso gut haben? Die Kartoffelchips von Seite 66 und die Halloween-Cookies von Seite 72 passen zu diesem Anlass ebenfalls hervorragend.

1 Den Backofen auf 180° (Umluft 160°) vorheizen. Ein Backblech mit Backpapier auslegen.

2 In einer großen Schüssel das Weizenvollkornmehl mit gehackter Petersilie und Backpulver vermischen. Putenfleisch und Olivenöl zugeben und alles 2 Minuten mit den Knethaken des Handrührgeräts mischen. 120 ml Wasser zufügen und weitere 4 Minuten rühren, bis sich der Teig vom Schüsselrand löst.

3 Den Teig auf der bemehlten Arbeitsfläche mit den Händen weiterkneten, bis er nicht mehr klebt. Teig etwa 5mm dick ausrollen und mit einer Gabel mehrmals einstechen. Plätzchen ausstechen und auf das Backblech legen. Die Teigreste wieder zusammenkneten und erneut ausrollen.

4 Die Plätzchen im Ofen (Mitte) 25–30 Minuten backen, bis sie leicht gebräunt sind und auf Fingerdruck nicht mehr nachgeben. Das Blech aus dem Ofen nehmen und die Cookies auf einem Kuchengitter völlig abkühlen lassen.

Scotties

*Leber und Haferflocken sind wichtige Bestandteile des berühmt-berüchtigten National-
gerichts Schottlands: Hagis. Kein Wunder also, dass die meisten Hunde einen schotti-
schen Freudentanz aufführen, wenn sie einen dieser Scotties bekommen.*

½ Apfel (ca. 60 g)
10 g Kürbiskerne
160 g Roggenmehl (Type 997)
50 g zarte Haferflocken
50 g Leber, fertig gekocht und fein gehackt
(siehe Rezept Seite 105)
1 EL Olivenöl

Außerdem:
Roggenmehl für die Arbeitsfläche
Ausstecher in Scotch-Terrier-Form

Für 1 Backblech
 20 Min. Zubereitung (ohne Fleisch garen) |
30–35 Min. Backen

1 Den Backofen auf 180° (Umluft 160°) vorheizen.
Ein Backblech mit Backpapier auslegen. Den Apfel
schälen, vierteln und vom Kerngehäuse befreien.
Das Fruchtfleisch fein raspeln. Kürbiskerne mit
einem großen scharfen Messer grob hacken.

2 In einer großen Schüssel Roggenmehl, Haferflocken und gehackte Kürbiskerne vermischen. Geras-
pelten Apfel, gehackte Leber und Olivenöl dazugeben und alles 2 Minuten mit den Knethaken des
Handrührgeräts mischen. 90 ml Wasser zufügen
und weitere 4 Minuten rühren, bis sich der Teig
vom Schüsselrand löst.

3 Den Teig auf der bemehlten Arbeitsfläche mit
den Händen weiterkneten, bis er nicht mehr klebt.
Teig etwa 6 mm dick ausrollen und mit einer Gabel
mehrmals einstechen. Plätzchen ausstechen und
auf das Backblech legen. Die Teigreste wieder zu
einer Kugel formen und erneut ausrollen.

4 Die Plätzchen im Ofen (Mitte) 30–35 Minuten
backen, bis sie leicht gebräunt sind und auf Fingerdruck nicht mehr nachgeben. Das Blech aus dem
Ofen nehmen und die Kekse auf einem Kuchengitter völlig abkühlen lassen.

> **! Vorsicht, klebrig**
>
> Der Teig für die Scotties kann leicht einmal kleben.
> Geben Sie daher sicherheitshalber erst einmal nur
> ¾ der angegebenen Wassermenge in den Teig. Reicht
> das noch nicht, kommt löffelweise noch mehr dazu.
> Zwischendurch immer wieder 1 Minute kneten, da-
> mit das Mehl bindet.

Möhren-Leber-Häppchen

Sie müssen ein paar Tage ohne Ihren vierbeinigen Freund verreisen? Ein Tierarztbesuch steht an? Wenn Sie Ihrem Hund das nächste Mal etwas »durch die Blume« mitteilen wollen, machen Sie es ihm mit diesen fröhlichen Keksen aus Leber und Möhren leichter.

1 kleine Möhre (ca. 40 g)
120 g Weizenvollkornmehl
80 g Weizenmehl (Type 405)
50 g Leber, fertig gekocht und fein gehackt
(siehe Rezept Seite 105)
1 Ei (Größe M)
1 EL Olivenöl

Außerdem:
Weizenmehl für die Arbeitsfläche
Ausstecher in Blütenform

Für 1 Backblech
 20 Min. Zubereitung (ohne Fleisch garen)
30–35 Min. Backen

> **!** Apfel oder Kürbis
>
> Lust auf Abwechslung? Dann bereiten sie die Leber-häppchen doch einfach einmal mit geraspeltem Apfel oder Kürbis beziehungsweise fein gehacktem TK-Spinat zu (jeweils 40 g). Damit der Teig nicht klebt, geben Sie erst ¾ des Wassers hinzu, den Rest dann löffelweise bei Bedarf.

1 Den Backofen auf 180° (Umluft 160°) vorheizen. Ein Backblech mit Backpapier auslegen. Die Möhre schälen und fein raspeln. 40 g davon abwiegen.

2 In einer großen Schüssel die beiden Mehlsorten vermischen. Möhrenraspel, gehackte Leber, Ei und Olivenöl dazugeben und alles 2 Minuten mit den Knethaken des Handrührgeräts mischen. 100 ml Wasser zufügen und weitere 4 Minuten rühren, bis sich der Teig vom Schüsselrand löst.

3 Den Teig auf der bemehlten Arbeitsfläche mit den Händen weiterkneten, bis er nicht mehr klebt. Teig etwa 4 mm dick ausrollen und mit einer Gabel mehrmals einstechen. Plätzchen ausstechen und auf das Backblech legen. Die Teigreste wieder zu einer Kugel formen und erneut ausrollen.

4 Kekse im Ofen (Mitte) 30–35 Minuten backen, bis sie leicht gebräunt sind und auf Fingerdruck nicht mehr nachgeben. Aus dem Ofen nehmen und auf einem Kuchengitter völlig abkühlen lassen.

Aus der Küchenpraxis

Ich stehe mittlerweile schon viele Jahre in der Backstube und habe in dieser Zeit unzählige Rezepte für Hundekekse entwickelt. Immer wieder musste ich die ein oder andere Zutat austauschen, weil zum Beispiel der Teig nicht die richtige Konsistenz hatte oder die Kekse beim Backen nicht so hart wurden, wie ich es mir vorgestellt hatte. Manchmal fehlte mir auch einfach irgendeine Kleinigkeit und ich musste sie durch etwas anderes ersetzen. Bei all dieser Experimentiererei konnte ich die ein oder andere Erfahrung sammeln, die ich Ihnen natürlich keinesfalls vorenthalten will.

An das Backblech, fertig, los!

Um auch mal auf die Schnelle ein paar Hundekekse backen zu können, sollten Sie immer genügend Vorräte zu Hause haben. Denn es wäre doch schade, wenn Sie Ihren Hund beispielsweise nach einem erfolgreichen Training in der Hundeschule nicht für seine fleißige Arbeit belohnen könnten. Doch dazu braucht es nur ein paar Zutaten, um jederzeit loszulegen. Ich habe Ihnen daher an dieser Stelle noch einmal die wichtigsten Grund-bestandteile meiner Rezepte aufgelistet. Wenn Sie diese Dinge immer im Haus haben, kann nichts mehr passieren:

> **Getreide:** Dinkelmehl (Type 630) oder Dinkel-vollkornmehl, Weizenmehl (Type 405), Weizenvoll-kornmehl, zarte Haferflocken. Leidet Ihr Hund an einer Weizen- oder Glutenunverträglichkeit: verträg-liches Getreide (zum Beispiel Amarant, Quinoa, Reis) und Weinsteinbackpulver als Backpulverersatz
> **Obst und Gemüse:** Äpfel, Karotten
> **Gewürze:** Knoblauchpulver, getrocknete Petersi-lie, Zimt
> **Milchprodukte:** körnigen Frischkäse, Naturjo-ghurt, fettarmen Käse (zum Beispiel Emmentaler, Mozzarella oder Parmesan)
> **Außerdem:** Backpulver, Eier, Honig, Nüsse (zum Beispiel Haselnüsse oder Mandeln), Öl (zum Bei-spiel Sonnenblumen- oder Olivenöl), Thunfisch im eigenen Saft (aus der Dose).

Nur keine Umstände

Bin ich froh, dass es heutzutage so viele »backfer-tige« Zutaten gibt. Wenn ich mir vorstelle, ich müss-te mein Mehl erst selbst mahlen ... Diese und an-dere »Abkürzungen« erleichtern Ihnen die Arbeit beim Backen enorm:

> Kaufen Sie Käse bereits gerieben oder geras-pelt. So lange die Qualität stimmt, fällt mir nichts ein, was dagegen sprechen würde.

Backen macht Spaß. Gut, dass es so viele unter-schiedliche Zutaten gibt, mit denen Sie immer wieder ein neues Rezept ausprobieren können.

Außerdem ist Reibekäse 1000-mal besser, als sich Finger und Knöchel wund zu raspeln.

> Hat ein Gemüse gerade nicht Saison, können Sie ohne Bedenken zu Tiefkühlware greifen. Es wird nicht nur erntefrisch verarbeitet, sondern oft sogar schon klein geschnitten – ein weiteres Plus. Achten Sie bei TK-Spinat auf Gebinde mit Einzelportionen. Dann müssen Sie nicht jedes Mal den gesamten Inhalt auftauen. Greifen Sie aber nur zu reinem TK-Gemüse. Enthält ein Produkt laut Zutatenliste noch andere Bestandteile wie Fett, Salz oder Gewürze, ist es für Hundekekse nicht geeignet.

> Fleisch gerade dann zu braten oder zu garen, wenn Sie es brauchen, kostet viel Zeit. Besser ist es einmal eine größere Menge zuzubereiten und diese dann in Einzelportionen einzufrieren. Dann müssen sie es vor der nächsten »Backparty« nur noch rechtzeitig auftauen (am besten über Nacht).

Sie brauchen noch ein originelles Mitbringsel? Kein Problem, solche leckeren Hundekekse sind im Handumdrehen gebacken.

Bio oder nicht?

»Bio« ist schon lange keine rein politische Einstellung mehr, sondern fester Bestandteil unseres täglichen Konsum- und Essverhaltens. Ich selbst habe ziemlich spät damit angefangen, Bioprodukte einzukaufen – eigentlich erst, als ich mit dem Hundekeksbacken begonnen habe. Zwei der Bäckereien, bei denen wir Jeffos zunächst produzierten, waren Biobäckereien. Und beide Bäckermeister haben mir immer wieder ellenlange Vorträge gehalten, bis sie mich schließlich von der Richtigkeit des Bioanbaus überzeugt haben. Aber nicht nur ihre Ausdauer, auch der intensivere Geschmack der Biolebensmittel hat mich auf diesen Weg gebracht. Danke Jungs!

Natürlich muss jeder für sich entscheiden, ob er für seine selbst gebackenen Hundekekse lieber Bioprodukte oder herkömmliche Zutaten verwenden

will. Doch abgesehen davon werden Sie in meinen Rezepten immer wieder auf Dinge stoßen, die Sie gar nicht in einem »normalen« Lebensmittelgeschäft finden, zum Beispiel Carob oder Suppenbrühe ohne Salz und Zwiebeln. Diese Zutaten erhalten Sie in der Regel im gut sortierten Bioladen oder im Reformhaus.

> ### ! Empfindliche Hunde

Da die Kekse in diesem Buch nur aus frischen Zutaten gebacken werden, sind sie besonders bekömmlich. Wenn Sie trotzdem unsicher sind, welche Zutaten Ihr Hund verträgt, besprechen Sie mit Ihrem Tierarzt beim nächsten Besuch in der Praxis, welches Rezept für Ihren Vierbeiner geeignet ist.

In so einem luftdurchlässigen Gefäß bleiben die Cookies lange frisch und werden dabei immer härter – lecker.

Hundekekse richtig aufbewahren

Ginge es nach Ihrem Hund, müssten Sie sich überhaupt keine Gedanken darüber machen, wie Sie Ihre selbst gebackenen Kekse am besten lagern. Er hätte wahrscheinlich nämlich kein Problem damit, die Leckerlis gleich direkt vom Blech zu verspeisen – und zwar alle. Aber weil Sie ihm das höchstwahrscheinlich nicht durchgehen lassen würden, müssen Sie die Kekse aufbewahren.

Selbst gebackene Kekse haben zwar einen höheren Wassergehalt als handelsübliche Leckerlis und sind noch dazu frei von Konservierungsstoffen (was ich von denen halte, wissen Sie ja). Wenn die Kekse beim und nach dem Backen ganz und gar getrocknet sind, bleiben sie trotzdem wochenlang frisch.

Vorausgesetzt, Sie lagern die Cookies richtig. Falsche Lagerung oder (Rest-)Feuchtigkeit in den Keksen kann dagegen zu Schimmelbildung führen (siehe auch Seite 123). Dann bleibt Ihnen leider nichts anderes übrig, als den gesamten Vorrat wegzuschmeißen. Denn auch Kekse, auf denen noch kein Schimmelrasen zu sehen ist, sind schon mit Sporen befallen. Und die sind ziemlich gesundheitsschädlich.

> Bewahren Sie die Hundekekse in einer luftdurchlässigen Dose auf, damit sie nicht feucht werden, sondern immer weiter austrocknen können.
> Kekse mit Fleisch oder Fisch gehören in den Kühlschrank. Das gilt auch für Muffins und Kuchen.
> Wenn Sie so viel gebacken haben, dass Sie gar nicht alles für den baldigen Verzehr aufheben können oder wollen, frieren Sie die Kekse einfach in kleinen Portionen ein. Die Menge sollte in etwa für eine Woche reichen (das entspricht etwa einem Backblech voll). Bei Bedarf tauen Sie die gewünschte Menge einfach wieder auf. Am schonendsten ist dieser Prozess, wenn die Kekse über Nacht im Kühlschrank auftauen. Wenn es einmal schneller gehen muss, geben Sie die gefrorenen Cookies für 3–4 Minuten auf niedrigster Wattzahl (Auftaustufe) in die Mikrowelle.

! Einkaufen mit Köpfchen

Überlegen Sie, wenn Sie für sich selbst einkaufen, ob sich die ein oder andere Zutat nicht auch gut für selbst gebackene Hundekekse eignen würde. Wenn ja, kaufen Sie gleich ein bisschen mehr davon – dann haben Sie alles zu Hause. Das spart Zeit und oft sogar auch Geld.

Kleine Pannenhilfe

Wohl jeder kennt diesen Moment der Verzweiflung, an dem man sich fragt: »Was habe ich nur falsch gemacht?« Damit es beim Backen gar nicht so weit kommt, verrate ich Ihnen die wichtigsten Tricks.

› **Der Teig ist zu nass** (meiner Meinung nach das häufigste Problem): Geben Sie ein paar weitere Esslöffel von der Mehlsorte, die Sie laut Rezept verwenden, in den Teig und kneten Sie eine Minute weiter. Wiederholen Sie diesen Vorgang, bis der Teig die gewünschte Konsistenz hat. Eine andere Möglichkeit: Portionieren Sie den nassen Teig mit einem feuchten Esslöffel und setzen Sie die Häufchen auf das mit Backpapier ausgelegte Blech. Drücken Sie jede Portion mit dem Löffel flach und schieben Sie die »Taler« in den Ofen.

› **Der Teig ist zu trocken** (was viel leichter zu lösen ist): Geben Sie esslöffelweise Flüssigkeit (je nach Rezept Wasser oder Brühe) zum Teig und kneten Sie immer weiter, bis er die richtige Konsistenz hat.

› **Die Kekse waren zu kurz im Ofen** (im Grunde gar kein Problem und manchmal sogar erwünscht, zum Beispiel bei weicheren Leckerlis): Schieben Sie das Blech einfach wieder in den Ofen zurück und warten Sie, bis die Kekse leicht gebräunt sind und sich nicht mehr eindrücken lassen.

› **Die Kekse waren zu lange im Ofen:** Solange sie nicht verbrannt sind, ist auch das meist kein Problem. Sie sind dann nur etwas härter als sonst. Was verbrannt ist, müssen Sie jedoch leider wegwerfen.

Nicht auf die Uhr geschaut? Sind die Kekse noch dunkelbraun, schmecken sie trotzdem. Was darüber hinausgeht, ist für Ihren Hund jedoch ungesund.

› **Sie wollen eine Zutat austauschen:** Kein Problem, tauschen Sie sie einfach aus – am besten gegen etwas mit ähnlicher Konsistenz. Vorsicht bei verschiedenen Getreide beziehungsweise Mehlsorten: Weil sie Flüssigkeit unterschiedlich stark aufnehmen, kann sich die Menge ändern. Geben Sie Wasser oder Brühe daher immer nach und nach zum Teig, bis dieser die richtige Konsistenz hat.

› **Auf den Keksen hat sich Schimmel gebildet:** Die Hundekekse wurden entweder nicht trocken genug abgebacken oder nicht richtig gelagert. Weiche Leckerlis werden besonders schnell schlecht, auch wenn Sie sie im Kühlschrank aufheben. Am besten teilen Sie weiche Kekse daher gleich nach dem Abkühlen in mehrere Portionen und frieren diese ein.

Rezepte von A–Z

Verbände und Vereine

› Fédération Cynologique
Internationale (FCI)
Place Albert 1er, 13
B-6530 Thuin
www.fci.be

› Verband für das Deutsche
Hundewesen e. V. (VDH)
Westfalendamm 174
D-44141 Dortmund
www.vdh.de

› Deutscher Tierschutzbund e. V.
Baumschulallee 15
D-53115 Bonn
www.tierschutzbund.de

› Deutscher Hundesportverband
e. V.
Ennertsweg 51
D-58675 Hemer
www.dhv-hundesport.de

› Österreichischer Kynologen-
verband (ÖKV)
Siegfried Marcus-Str. 7
A-2362 Biedermannsdorf
www.oekv.at

› Schweizerische Kynologische
Gesellschaft (SKG/SCS)
Brunnmattstrasse 24
CH-3007 Bern
www.skg.ch

› Kooperation deutscher
Tierheilpraktiker-Verbände e. V.
Geschäftsstelle
Dietenhauserstr. 9
83623 Lochen
www.kooperation-thp.de
(Hier erhalten Sie Adressen von
Tierarztpraxen, die mit Naturheilver-
fahren arbeiten)

Fragen zur Haltung beantworten
Ihr Zoofachhändler und der Zentral-
verband Zoologischer Fachbetriebe
Deutschlands e. V. (ZZF)
Tel.: 0611/44755332
(nur telefonische Auskunft möglich:
Mo 12–16 Uhr, Do 8–12 Uhr)
www.zzf.de

Registrierung von Hunden
TASSO e. V.
Abt. Haustierzentralregister
D-65784 Hattersheim
Tel. 06190/937300
www.tasso.net

**Bezugsquellen für
Plätzchenausstecher**

› Tortissimo Backzubehör
Am Kreuzweg 1
D-35469 Allendorf/Lumda
www.tortissimo.de

› oder direkt bei Jeffo
(Adresse siehe rechts)

Hunde im Internet
Infos rund um den Hund
(auch Rezepte):
› www.hunde.com
› www.hundewelt.de
› www.hallohund.de
Beschäftigung für Hunde:
› www.aktiv-mit-hund.de
› www.spass-mit-hund.de
Hier erhalten Sie die gesamte
Jeffo-Produktpalette:
› www.jeffo.de

Bücher, die weiterhelfen
› Fischer, E.: Homöopathie für
Hunde. Gräfe und Unzer Verlag,
München

› Kübler, H.: Schüßler-Salze für
Hunde. Gräfe und Unzer Verlag,
München

› Ludwig, G.: Das große GU Praxis-
handbuch Hunde. Gräfe und Unzer
Verlag, München

› Ludwig, G.: Hunde Spiele-Box.
Gräfe und Unzer Verlag, München

› Schlegl-Kofler, K.: Mit dem Hund
spielen und trainieren. Gräfe und
Unzer Verlag, München

Zeitschriften
› Der Hund. Deutscher Bauernver-
lag GmbH, Berlin
› Partner Hund. Gong Verlag, Isma-
ning
› Dogs. Gruner + Jahr, Hamburg.

Freude am Tier

Die neuen Tierratgeber – da steckt mehr drin

ISBN 978-3-8338-1878-3
256 Seiten

ISBN 978-3-8338-1367-2
192 Seiten

ISBN 978-3-8338-2102-8
128 Seiten

ISBN 978-3-8338-1803-5
144 Seiten

ISBN 978-3-8338-1171-5
168 Seiten

ISBN 978-3-8338-1932-2
64 Seiten

Änderungen und Irrtum vorbehalten.

Das macht sie so besonders:

Rat vom Experten – bestens informiert

Gut versorgt – von Anfang an

Tolle Ideen – mit Wohlfühlgarantie

Willkommen im Leben.

Unsere Garantie

Alle Informationen in diesem Ratgeber sind sorgfältig und gewissenhaft geprüft. Sollte dennoch einmal ein Fehler enthalten sein, schicken Sie uns das Buch mit dem entsprechenden Hinweis an unseren Leserservice zurück. Wir tauschen Ihnen den GU-Ratgeber gegen einen anderen zum gleichen oder ähnlichen Thema um.

Liebe Leserin und lieber Leser,

wir freuen uns, dass Sie sich für ein GU-Buch entschieden haben. Mit Ihrem Kauf setzen Sie auf die Qualität, Kompetenz und Aktualität unserer Ratgeber. Dafür sagen wir Danke! Wir wollen als führender Ratgeberverlag noch besser werden. Daher ist uns Ihre Meinung wichtig. Bitte senden Sie uns Ihre Anregungen, Ihre Kritik oder Ihr Lob zu unseren Büchern. Haben Sie Fragen oder benötigen Sie weiteren Rat zum Thema? Wir freuen uns auf Ihre Nachricht!

Wir sind für Sie da!
Montag–Donnerstag: 8.00–18.00 Uhr;
Freitag: 8.00–16.00 Uhr *(0,14 €/Min. aus dem dt. Festnetz/
Tel.: 0180-5 00 50 54* Mobilfunkpreise
Fax: 0180-5 01 20 54* maximal 0,42 €/Min.)
E-Mail:
leserservice@graefe-und-unzer.de

P.S.: Wollen Sie noch mehr Aktuelles von GU wissen, dann abonnieren Sie doch unseren kostenlosen GU-Online-Newsletter und/oder unsere kostenlosen Kundenmagazine.

GRÄFE UND UNZER VERLAG
Leserservice
Postfach 86 03 13
81630 München

© 2010
GRÄFE UND UNZER VERLAG GmbH, München
Alle Rechte vorbehalten. Nachdruck, auch auszugsweise, sowie Verbreitung durch Film, Funk, Fernsehen und Internet, durch fotomechanische Wiedergabe, Tonträger und Datenverarbeitungssysteme jeglicher Art nur mit schriftlicher Genehmigung des Verlages.

Projektleitung: Nadja Harzdorf
Lektorat: Sylvie Hinderberger
Bildredaktion: Adriane Andreas
Umschlaggestaltung und Layout: independent Medien-Design, Horst Moser, München
Herstellung: Claudia Labahn
Satz: Uhl + Massopust, Aalen
Reproduktion: Longo AG, Bozen
Druck: Firmengruppe APPL, aprinta druck, Wemding
Bindung: Firmengruppe APPL, sellier druck, Freising

Printed in Germany

ISBN 978-3-8338-1716-8

2. Auflage 2011

Syndication:
www.jalag-syndication.de

Dank

Autor und Verlag bedanken sich bei den Firmen Chacco (www.chacco.biz) und Schwabinger Raubtiersalon (www.raubtiersalon.de), für die netten Fressnäpfe und bei Katrin Bahlmann (Autorenfoto).

GRÄFE UND UNZER

Ein Unternehmen der
GANSKE VERLAGSGRUPPE

Der Autor

Jeff Simpson, Inhaber von »Jeffo's Homemade Goodies« entdeckte früh seine Leidenschaft fürs Backen. Seine Begabung für Rezepte konnte er beim Dogsitting, als das Hundefutter ausgegangen war, erfolgreich unter Beweiß stellen. Schnell waren die ersten Hundekekse im Ofen und der Hund begeistert. Seine Hundecookies waren bald so gefragt, dass aus der kleinen privaten Backstube 2007 die Firma Jeffo's wurde.

Die Fotografen

Michael Brauner fotografiert in seinem Studio und on location Genuss pur! Mit seinem Team – Profikoch, Foodstylist und Patissier – werden alle Themen rund ums Kochen und Genießen in stimmungsvolle Bilder umgesetzt.
www.food-fotografie-brauner.de
Jana Weichelt ist Tierfotografin aus Leidenschaft. Sie arbeitet selbstständig als Bildautorin für renommierte Verlage.
www.kalenderfoto.de

Bildnachweis

Alle Food-Fotos in diesem Buch stammen von **Michael Brauner**, mit Ausnahme von: **Stockfood:** 120. Alle Hunde-Fotos in diesem Buch und das Cover stammen von **Jana Weichelt**, mit Ausnahme von: **Corbis:** 9; 66-3; **Oliver Giel:** 45-4; **Alexandra Stronski:** 77-3.